AF377893

PLUS VASTE QUE LE CIEL
UNE NOUVELLE THÉORIE
GÉNÉRALE DU CERVEAU

Gerald M. Edelman

PLUS VASTE QUE LE CIEL
UNE NOUVELLE THÉORIE GÉNÉRALE DU CERVEAU

Traduit de l'anglais (États-Unis) par
Jean-Luc Fidel

Ouvrage publié originellement par
Yale University Press sous le titre :
*Wider than the sky. The Phenomenal
Gift of consciousness*

© Gerald M. Edelman, 2004

Pour la traduction française
© Odile Jacob, mai 2004
15, rue Soufflot, 75005 Paris

www.odilejacob.fr

ISBN : 978-2-7381-1427-3

À Maxine.

Plus vaste que le Ciel — le Cerveau —
Car — placez-les côte à côte —
L'un l'autre contiendra
Aisément — et vous — en outre —

Plus profond que la mer — le Cerveau —
Car — tenez-les — Bleu contre Bleu —
L'un l'autre absorbera —
Comme les éponges — les seaux —

Le même poids que Dieu — le Cerveau —
Car — comparez-les — Livre pour Livre —
Et s'ils diffèrent — ce sera —
Autant que Syllabe et Son —

EMILY DICKINSON, 1862 ?

Préface

La conscience est le garant de tout ce que nous tenons pour humain, de tout ce qui nous est précieux. Une perte de conscience permanente s'apparente à la mort, même si le corps perdure à travers ses signes vitaux. Dès lors, il n'est pas étonnant qu'elle ait suscité spéculations et recherches au fil des âges. Au cours des trente dernières années, j'ai moi-même écrit un grand nombre de livres et d'articles sur ce sujet. Ma conviction est que la conscience se prête à l'étude scientifique ; elle est corroborée par la forte augmentation du nombre de publications et de colloques scientifiques sur le sujet.

Ces avancées récentes m'ont incité à proposer une présentation de la conscience au grand public. Il s'agit tout bonnement de définir la conscience et de donner un aperçu de ce sujet aussi simple que la clarté le permet.

C'est un défi, et il exigera sans doute de la concentration de la part du lecteur. Cependant, celui-ci sera récompensé de ses efforts, je le promets, parce qu'il acquerra une vision plus profonde des questions qui sont au centre des préoccupations humaines. Dès lors, sauf lorsque c'était absolument nécessaire, j'ai volontairement omis beaucoup de références académiques ; on les trouvera en abondance dans mes précédents livres. Ceux qui voudront en lire davantage pourront retrouver les nombreux excellents travaux qui ont influencé ce livre dans la note bibliographique finale. Je sais bien que ce qui fait obstacle à la compréhension du discours scientifique, c'est souvent l'usage inévitable qu'il fait des termes techniques. Ce problème est encore accru quand il s'agit des détails liés au cerveau et à la conscience. Pour cette raison, j'ai ajouté un glossaire qui, je l'espère, soulagera un peu le lecteur.

William James, dont les descriptions de la conscience font encore une référence, disait :

« Il se passe quelque chose de bien défini lorsque à un certain état du cerveau correspond une certaine "science" (sciousness). Pouvoir voir authentiquement de quoi il s'agit, voilà ce qui serait la réussite scientifique par excellence, au regard de laquelle tous les succès passés sembleraient bien pâles. Présentement, toutefois, la psychologie est dans la condition de la physique avant Galilée et les lois du mouvement, de la chimie avant Lavoisier et le concept de préservation de la masse dans toutes les réactions. Les Galilée et les Lavoisier de la psychologie, quand ils apparaîtront, deviendront célèbres, et il est sûr qu'ils apparaîtront, ou alors les succès passés n'ont rien à nous apprendre sur l'avenir. Quand ils apparaîtront, cependant, les contraintes du sujet les rendront "métaphysiques". En attendant, la meilleure façon de faciliter leur venue consiste à comprendre à quel point est grande l'obscurité dans laquelle nous errons à tâtons et de ne jamais oublier que les présupposés naturalistes par lesquels nous avons commencé sont choses provisoires et révisables. »

Je me demande toujours ce que James voulait dire quand il déclarait que les efforts scientifiques réussis pour découvrir les bases de la conscience seraient *nécessairement* métaphysiques. En tout cas, dans ce livre, j'ai essayé d'éviter de discuter longuement de questions métaphysiques. J'entends plutôt traiter des explications qui reposent seulement sur une base scientifique. J'espère répondre ainsi à ceux qui croient que ce sujet est exclusivement métaphysique ou nécessairement mystérieux.

Une analyse scientifique de la conscience doit répondre à la question suivante : comment l'éveil de neurones peut-il donner lieu à des sensations, à des pensées et à des émotions subjectives ? Pour certains, ces deux domaines sont tellement disparates qu'on ne peut les concilier. Or une explication scientifique de la conscience doit rendre compte de façon causale de la connexion entre ces domaines de telle sorte que les propriétés qui valent dans l'un puissent se comprendre aussi en termes d'événements se produisant dans l'autre. C'est la tâche que je me suis proposée dans ce petit livre.

Son titre est tiré d'un poème d'Emily Dickinson qui apparaît en exergue. Elle l'a écrit aux alentours de 1862, avant que la science moderne du cerveau n'apparaisse vers la fin du XIXe siècle. N'est-il pas impressionnant que, pour chanter l'étendue et la profondeur de l'esprit, Emily Dickinson se réfère exclusivement au cerveau ?

Chapitre 1

L'esprit de l'homme

COMMENT ACHEVER LE PROGRAMME DE DARWIN

En 1869, Charles Darwin s'est brouillé avec son ami Alfred Wallace, le cofondateur de la théorie de l'évolution. Ils n'étaient pas d'accord sur plusieurs points liés à cette théorie, certes. Mais la principale raison de la gêne de Darwin était une publication de Wallace à propos de l'origine du cerveau et de l'esprit de l'homme. Wallace, qui avait à l'époque des penchants spiritualistes, y concluait que la sélection naturelle ne pouvait rendre compte de l'esprit et du cerveau humain.

Darwin lui écrivit juste avant la publication : « J'espère que vous n'avez pas trop complètement assassiné votre enfant et le mien ». Il voulait dire, bien sûr, la sélection naturelle. Wallace, en réalité, concluait que la sélection naturelle ne pouvait expliquer l'origine de nos facultés intellectuelles et morales supérieures. Il affirmait que les sauvages et les hommes préhistoriques possédaient des cerveaux presque aussi gros que ceux des Anglais, mais que, devant s'adapter à un environnement qui n'exigeait pas de pensée abstraite, ils n'avaient pas l'usage de telles structures et donc que leurs cerveaux ne pouvaient avoir résulté de la sélection naturelle. Au contraire de Wallace, Darwin voyait bien que cette vision adaptationniste, qui ne reposait que sur la sélection naturelle, n'était pas pertinente. Selon lui, les propriétés et les attributs dont on n'avait pas nécessairement besoin à un moment pouvaient cependant être incorporés pendant la sélection d'autres traits évolutifs. Surtout, il ne croyait pas que les facultés mentales étaient indépendantes les unes des autres. Comme il l'explique dans *La Descendance de l'homme*, par exemple, le développement du langage pourrait avoir contribué au processus de développement du cerveau lui-même.

Cette œuvre si riche ainsi que d'autres idées de Darwin ont finalement prévalu, mais le programme qu'il a défini reste à achever. L'une des tâches essentielles pour ce faire consisterait à développer une conception de la conscience qui en fasse un produit de l'évolution plutôt qu'une substance cartésienne, une *res cogitans*, substance inaccessible à l'analyse scientifique. L'un des principaux buts de cet ouvrage est précisément de développer cette conception.

Qu'est-ce qui est requis pour mener à bien ce projet ? Avant de répondre à cette question, examinons ce qu'écrit Darwin dans son carnet de 1838 : « Origine de l'homme maintenant prouvée — métaphysique peut s'épanouir —

celui qui comprendra le babouin fera plus pour la métaphysique que Locke. » Ces affirmations indiquent la direction que nous devons suivre. Nous devons nous doter d'une théorie biologique de la conscience s'appuyant sur des preuves. Cette théorie doit montrer comment les bases neurales de la conscience sont apparues au cours de l'évolution et comment la conscience se développe chez certains animaux.

Deux points ténus mais importants influent sur notre interprétation de ces exigences. Le premier est la question du statut causal de la conscience. Certains adhèrent à l'idée que la conscience n'est qu'un épiphénomène sans conséquences matérielles. La vision contraire veut que la conscience soit efficiente — c'est-à-dire qu'elle soit la cause de choses qui arrivent. Nous adopterons la position, que nous explorerons en détail plus loin, selon laquelle il suffit de montrer que les bases neurales de la conscience, et non la conscience elle-même, peuvent être la cause de choses qui arrivent. Le second défi posé à une description scientifique de la conscience est de montrer comment un mécanisme neural produit un état conscient subjectif, ou quale, comme on dit. Avant d'aborder ces deux défis, nous devons donner un aperçu des propriétés de la conscience et envisager certaines questions liées à la structure et au fonctionnement du cerveau.

Chapitre 2

La conscience

LE PRÉSENT REMÉMORÉ

Nous savons tous ce qu'est la conscience : c'est ce que nous perdons lorsque nous tombons dans un profond sommeil sans rêves et ce que nous retrouvons quand nous nous réveillons. Mais cette affirmation facile nous laisse bien en peine quand il s'agit d'examiner la conscience de façon scientifique. Pour ce faire, nous devons explorer les propriétés les plus frappantes de la conscience plus en détail, ainsi que l'a fait William James dans ses *Principes de psychologie*. Auparavant, toutefois, il convient de rappeler que nous estimons que la conscience est entièrement dépendante du cerveau. Les Grecs, entre autres, croyaient qu'elle résidait dans le cœur, et cette idée survit dans de nombreuses métaphores usuelles. Or, désormais, une grande quantité de données empiriques attestent l'idée que la conscience provient de l'organisation et des opérations du cerveau. Quand le fonctionnement du cerveau est restreint — en cas d'anesthésie profonde, après certaines formes de traumatisme cérébral, après des attaques et au cours de certaines phases limitées du sommeil —, il n'y a pas de conscience. Après la mort, le fonctionnement du corps et du cerveau ne peut reprendre, et une expérience *post mortem* est tout simplement impossible. Même au cours de la vie, il n'existe pas de données scientifiques montrant un esprit ou une conscience flottant librement hors du corps. La question devient alors : qu'est-ce qui est nécessaire et suffisant dans le corps et l'esprit pour que la conscience apparaisse ? On pourra répondre à cette question en précisant comment les propriétés de l'expérience consciente peuvent naître de celles du cerveau.

Avant de reprendre les propriétés de la conscience dans ce chapitre, nous devons mentionner une autre conséquence de l'incarnation. Elle concerne la nature privée ou personnelle de l'expérience consciente de chaque personne. Voici ce qu'en dit James :

« Dans cette pièce — cette salle de cours, par exemple —, il y a une multitude de pensées, les vôtres et les miennes, certaines s'accordant ensemble, et d'autres non. Elles sont aussi peu refermées sur elles-mêmes et réciproquement indépendantes qu'elles sont toutes liées ensemble. Elles ne sont ni l'un ni l'autre : aucune d'entre elles n'est séparée, mais chacune appartient à certaines autres et à aucune aussi. Ma pensée appartient à mes autres pensées et votre pensée à vos autres pensées. Si quelque part dans cette pièce, il y a une simple pensée qui n'est la pensée de personne, nous n'avons aucun moyen de nous en assurer, car nous n'avons aucune expérience de cette sorte. Les seuls états de conscience auxquels nous avons affaire se trouvent dans notre conscience personnelle, dans notre esprit, dans notre soi, dans nos Je et nos Tu particuliers concrets. »

Pas de mystère. Depuis que la conscience a résulté du cerveau et des fonctions corporelles de chaque individu, nous ne pouvons partager de façon directe ou collective cette expérience consciente unique et historique de l'individu. Toutefois, cela ne veut pas dire qu'il est impossible d'isoler les traits saillants de cette expérience par l'observation, l'expérimentation et la description.

Qu'est-ce qu'on peut affirmer de plus important à propos de la conscience de ce point de vue ? Que la conscience est un processus, et non une chose. James l'a énoncé de façon incisive dans son article intitulé : « La conscience existe-t-elle ? » À ce jour, beaucoup d'erreurs catégorielles ont été commises par ignorance de ce point. Par exemple, certains attribuent spécifiquement la conscience à des cellules nerveuses (ou « neurones de la conscience ») ou à des couches particulières du manteau cortical du cerveau. Les données, comme nous le verrons, montrent au contraire que le processus de la conscience est une manifestation dynamique de l'activité de populations de neurones réparties dans de nombreuses aires différentes du cerveau. Le fait qu'une aire puisse être essentielle ou nécessaire à la conscience ne signifie pas qu'elle est suffisante. Qui plus est, un neurone déterminé peut contribuer à l'activité consciente à un moment donné et pas ensuite.

Il existe nombre d'autres aspects importants de la conscience considérée comme processus qu'on peut appeler des propriétés jamesiennes. James a souligné que la conscience ne survient que dans l'individu (c'est-à-dire qu'elle est privée ou subjective), qu'elle paraît continue, même si elle change sans cesse, qu'elle est intentionnelle (terme désignant le fait qu'elle renvoie en général à des choses) et qu'elle n'épuise pas tous les aspects des choses ou des événements auxquels elle se réfère. Cette dernière propriété est liée à l'importante question de l'attention. L'attention, en particulier l'attention focalisée, module les états de conscience et dans une certaine mesure les dirige, mais ce n'est pas la même chose que la conscience. J'y reviendrai dans les chapitres qui suivent.

Une propriété exceptionnelle veut que la conscience soit unitaire ou intégrée, du moins chez les individus en bonne santé. Quand j'examine mon état de conscience au moment où j'écris cela, il semble être tout d'une pièce. Mais, tandis que je porte attention à l'acte d'écrire, j'ai conscience d'un rayon de soleil, des bruits de la rue, d'une petite gêne aux jambes sur le bord de ma chaise et même d'une « frange », comme dit James, c'est-à-dire d'objets et d'événements que je sens à peine. En général, il n'est pas entièrement possible de réduire cette scène intégrée à une seule chose seulement, mon stylo par exemple. Et pourtant, cette scène changera et variera selon mes stimuli extérieurs et mes pensées intérieures pour devenir une autre scène. Le nombre de ces scènes différenciées semble infini, et pourtant chacune est unitaire. La scène ne déborde pas seulement le ciel, elle peut contenir beaucoup d'éléments disparates — sensations, perceptions, images, souvenirs, pensées, émotions, maux de tête, douleurs, sentiments vagues, etc. Vue de l'intérieur, la conscience semble changer continuellement. Et pourtant, à chaque moment, elle est tout d'une pièce — c'est ce que j'ai appelé le « présent remémoré » —, ce qui reflète le fait que toute mon expérience passée est engagée pour former ma conscience intégrée de ce moment singulier.

Cet état intégré mais différencié semble entièrement différent à un observateur extérieur, lequel a ses propres états. Si un observateur extérieur effectue des tests pour savoir si je peux consciemment mener à bien plus de deux tâches en même temps, il découvrira que mes performances se dégradent. Cette limitation apparente de la capacité consciente, qui contraste avec la gamme immense des différents états conscients intérieurs que nous pouvons avoir, mérite d'être analysée. J'examinerai ses origines quand je discuterai de la différence entre activité consciente et activité non consciente.

Jusqu'à présent, je n'ai pas mentionné une propriété qui est évidente à tous les humains qui sont conscients. Nous sommes, bien sûr, conscients d'être conscients. (C'est d'ailleurs précisément cette forme de conscience qui m'a incité à écrire ce livre.) De nombreuses données attestent que d'autres animaux possèdent cette aptitude ; seuls les primates supérieurs en montrent des signes. De ce fait, je crois qu'il nous faut faire une distinction entre la conscience primaire et la conscience d'ordre supérieur. La conscience primaire est l'état consistant à être mentalement conscient des choses du monde, à avoir des images mentales dans le présent. Les humains ne sont pas les seuls à la posséder, c'est aussi le cas d'animaux qui ne disposent pas des aptitudes sémantiques et linguistiques, mais dont l'organisation du cerveau n'en est pas moins similaire à la nôtre. La conscience primaire ne s'accompagne pas du sentiment de soi socialement défini, impliquant le concept du passé et du futur. Elle existe principalement dans le présent remémoré. Au contraire, la conscience d'ordre supérieur implique l'aptitude à être conscient d'être conscient, et elle permet la reconnaissance par le sujet pensant de ses actes et affections. Elle s'accompagne de l'aptitude, à l'état de veille, à recréer explicitement des épisodes passés et à former des intentions futures. À un niveau minimal, elle exige l'aptitude sémantique, c'est-à-dire la capacité d'assigner une signification à un symbole. Sous sa forme la plus développée, elle nécessite l'aptitude linguistique, c'est-à-dire la maîtrise de tout un système de symboles et d'une grammaire. Les primates supérieurs, à un niveau minimal, sont censés posséder cette conscience, et, sous sa forme la plus développée, elle distingue les humains. Les deux formes exigent une aptitude interne à traiter des signes ou symboles. Un animal doté d'une conscience d'ordre supérieur doit nécessairement posséder aussi la conscience primaire.

Il existe différents niveaux de conscience. Au cours du sommeil paradoxal (*rapid eye movement (REM) sleep*), par exemple, les rêves sont des états conscients. Cependant, à la différence de ce qui se passe chez les individus éveillés, l'individu qui rêve est souvent crédule, n'est en général pas conscient qu'il est conscient, n'est pas connecté à ses entrées sensorielles et n'est pas capable d'effectuer des sorties motrices. Au cours du sommeil profond ou à ondes courtes, de brefs épisodes de quasi-rêves peuvent se dérouler, mais, sur de longues périodes, on ne note pas de conscience. Au moment où l'on se réveille de l'état d'inconscience créé par un traumatisme ou une anesthésie, il peut y avoir confusion et désorientation. Il existe aussi, bien sûr, des troubles de la conscience, comme la schizophrénie, au sein desquels des hallucinations, des illusions et de la désorientation peuvent survenir.

Dans l'état conscient normal, les individus font l'expérience de qualia. Le terme « quale » renvoie à l'expérience particulière d'une propriété — le vert, par exemple, ou le chaud, ou le douloureux. On s'est beaucoup efforcé de donner une description théorique qui permette directement de comprendre les qualia en tant qu'expériences. Cependant, dans la mesure où seul un être ayant un corps et un cerveau individuel peut faire l'expérience des qualia, ce type de description n'est pas possible. Les qualia sont des discriminations d'ordre supérieur qui constituent la conscience. Il est essentiel de comprendre que les différences entre les qualia sont fondées sur des différences de branchement et d'activité des parties du système nerveux. Il convient aussi de comprendre que les qualia sont toujours expérimentées en tant que parties de la scène consciente unitaire et intégrée. Tous les événements conscients impliquent donc un complexe de qualia. En général, il n'est pas possible de faire l'expérience d'une unique quale — le « rouge », par exemple — de façon isolée.

Je développerai plus loin l'idée que les qualia reflètent l'aptitude des individus conscients à effectuer des discriminations d'ordre supérieur. Comment cette aptitude reflète-t-elle l'efficacité des états neuraux qui accompagnent l'expérience consciente ? Imaginez un animal doté de conscience primaire et qui se trouve dans la jungle. Il entend un faible bruit de grondement, et, en même temps, le vent souffle, et la lumière commence à décliner. Il court vite vers un endroit sûr. Un physicien serait incapable de détecter une relation causale nécessaire entre ces événements. Mais, pour un animal doté de conscience primaire, cet ensemble d'événements simultanés peut avoir accompagné une expérience antérieure incluant l'apparition d'un tigre. La conscience a permis l'intégration de la scène présente avec l'histoire passée de l'expérience consciente de l'animal, et cette intégration a de la valeur pour la survie, qu'un tigre soit ou non présent. Un animal sans conscience primaire peut manifester bien des réactions individuelles que l'animal conscient a et il peut même survivre. Mais, en moyenne, il est plus probable qu'il a de moindres chances de survivre — dans le même environnement, il est moins capable que l'animal conscient de discriminer et de planifier au vu des événements antérieurs et présents.

Dans les chapitres qui suivent, j'ai tenté d'expliquer comment les scènes conscientes et les qualia résultent de la dynamique du cerveau et de l'expérience. Au départ, cependant, il est important de comprendre ce que peut ou non une explication scientifique des propriétés conscientes. La question concerne le prétendu gouffre explicatif qui serait dû aux différences remarquables entre la structure du cerveau dans le monde matériel et l'expérience chargée de qualia. Comment l'éveil des neurones, même s'il est complexe, peut-il donner lieu à des sentiments, à des qualités, à des pensées et à des émotions ? Certains observateurs considèrent que ces deux champs divergent tellement qu'ils sont impossibles à réconcilier. Une description scientifique de la conscience a donc pour tâche essentielle de rendre compte de façon causale de la relation qui existe entre ces domaines, de telle sorte que les propriétés de l'un puissent se comprendre dans les termes des événements de l'autre.

Ce qu'une telle explication ne peut et n'a nul besoin de faire, c'est de donner une explication qui réplique ou crée une quale ou un état d'expérience en particulier. Ce n'est pas de la science — imaginez ainsi qu'un scientifique brillant, grâce à la dynamique des fluides et à la météorologie, soit parvenu à une théorie puissante expliquant un événement complexe du monde comme un ouragan. Simulée grâce à un modèle informatique sophistiqué, cette théorie permettrait de comprendre comment les ouragans se produisent. De plus, grâce au modèle informatique, notre scientifique pourrait même prédire la plupart des cas et des propriétés d'ouragans individuels. Une personne vivant dans une zone tempérée sans ouragan, si elle entendait et comprenait cette théorie, s'attendrait-elle à faire l'expérience d'un ouragan ou même à être trempée ? La théorie permet de comprendre comme les ouragans surviennent ou sont déclenchés dans certaines conditions, mais elle ne peut créer l'expérience des ouragans. De même, une théorie de la conscience fondée sur le cerveau devrait donner une explication causale de ses propriétés, mais, ce faisant, on ne devrait pas s'attendre à ce qu'elle engendre des qualia « par description ».

Pour développer une théorie adéquate de la conscience, on doit surtout comprendre comment le cerveau fonctionne pour comprendre des phénomènes comme la perception et la mémoire, qui contribuent à la conscience. Et si ces phénomènes peuvent être reliés de façon causale, on peut espérer tester par des moyens expérimentaux leurs connexions supposées avec la conscience. Cela signifie qu'on doit trouver les corrélats neuraux de la conscience. Avant d'aborder ces questions, tournons-nous d'abord vers le cerveau.

Chapitre 3

Les éléments du cerveau

Le cerveau humain est l'objet matériel le plus compliqué qu'on connaisse dans l'univers. J'ai déjà dit que certains processus en son sein constituent les mécanismes nécessairement sous-jacents à la conscience. Au cours des dix dernières années, nombreux ont été ceux qui ont été identifiés. Les spécialistes du cerveau ont décrit une extraordinaire palette de structures cérébrales à des niveaux qui vont des molécules aux neurones (les cellules cérébrales porteuses d'informations) et à des régions tout entières, toutes affectant le comportement. Pour décrire les traits du cerveau qui sont nécessaires à notre exploration, je n'entrerai pas dans un luxe de détails. Toutefois, afin de disposer d'une base pour une théorie biologique de la conscience, il nous faut examiner certaines informations élémentaires sur la structure et la dynamique cérébrales. Ce détour exigera une certaine patience de la part du lecteur. Il sera cependant récompensé quand nous présenterons comment fonctionne le cerveau.

Ce bref tour d'horizon du cerveau couvrira, dans l'ordre, une description globale des régions du cerveau, quelques indications sur leur mode de connexion, les éléments fondamentaux de l'activité des neurones et de leurs connexions — les synapses — et un peu de chimie concernant l'activité neuronale. Tout cela sera nécessaire pour aborder certaines questions et principes essentiels : le cerveau est-il un ordinateur ? Comment se construit-il pendant le développement ? À quel point ses transactions sont-elles complexes ? Existe-t-il de nouveaux principes d'organisation uniques au cerveau qui auraient été sélectionnés au cours de l'évolution ? Quelles parties du cerveau sont nécessaires et suffisantes pour que la conscience apparaisse ? Traitant de ces questions, je prendrai le cerveau humain comme référence centrale. Mais, bien sûr, les similitudes sont nombreuses entre notre cerveau et celui d'autres espèces animales. Quand ce sera nécessaire, je décrirai donc ces similitudes ainsi que les différences significatives.

Le cerveau humain pèse un peu plus d'un kilo. Sa caractéristique la plus frappante, c'est la structure extrêmement ridée et entortillée qu'on appelle le cortex cérébral, bien visible dans les images du cerveau (voir figure 1). Si on dépliait le cortex cérébral (en faisant disparaître les gyrus, ses bosses, et les sulcus, ses fissures), il aurait la taille et l'épaisseur d'une grande nappe. Il contient au moins trente milliards de neurones, ou cellules, et un million de milliards de connexions, ou synapses. Si vous commenciez maintenant à compter ces synapses à raison d'une par seconde, vous n'en finiriez que dans trente-deux millions d'années.

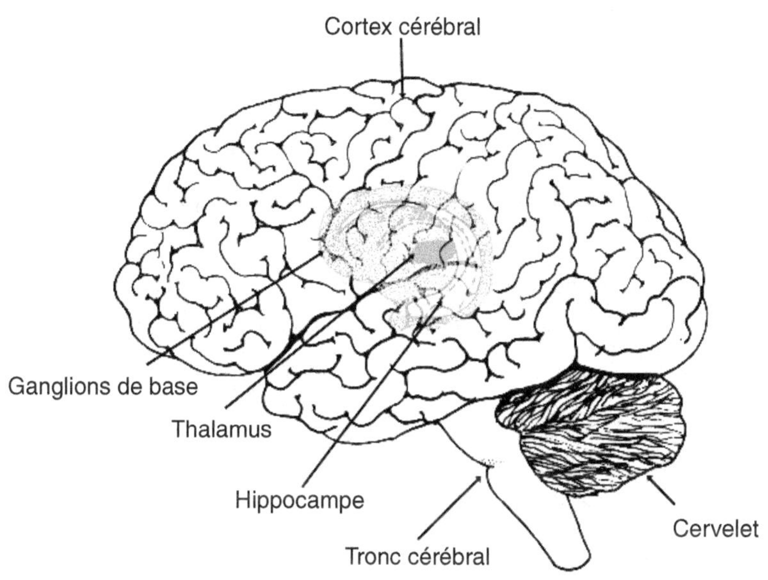

Figure 1.

Emplacement relatif des principales parties du cerveau.
Le manteau cortical reçoit des projections venant du thalamus et renvoie des projections réciproques ; cela donne le système thalamocortical. Juste sous le manteau se trouvent trois principaux appendices corticaux — les ganglions de la base, l'hippocampe et le cervelet. Dessous se trouve le tronc cérébral, la plus ancienne partie du cerveau du point de vue de l'évolution ; il contient plusieurs importants systèmes dotés de projections.

Les neurones sont liés localement les uns les autres pour former dans certaines fractions du cerveau un réseau dense appelé matière grise ; ils communiquent sur de longues distances par l'intermédiaire de zones appelées matière blanche. Le cortex lui-même est une structure à six couches dont les structures de connexion sont différentes pour chacune. Il se subdivise en régions qui médiatisent différentes modalités sensorielles, comme l'ouïe, le toucher et la vue. D'autres régions corticales sont dédiées aux fonctions motrices, dont l'activité régit nos muscles. À côté des parties sensori-motrices concernées par les entrées et les sorties d'informations, des régions comme les cortex frontal, pariétal et temporal ne sont connectées qu'à d'autres parties du cerveau et non au monde extérieur.

Avant d'aborder d'autres portions du cerveau, je décrirai brièvement sous une forme simplifiée la structure et la fonction des neurones et des synapses. Différents neurones peuvent prendre un grand nombre de configurations, et il peut y en avoir plus de deux cents différentes sortes dans le cerveau. Un neurone consiste en un corps cellulaire dont le diamètre est de l'ordre de trente microns, soit environ plus de deux dix millièmes de centimètre (voir figure 2). Les neurones sont polaires et comportent un ensemble arborescent d'extensions appelées dendrites et une longue extension spécialisée, dite axone, qui le connecte à d'autres neurones par le biais de synapses. Une synapse est une région spécialisée qui relie le neurone dit présynaptique (celui qui envoie un signal à

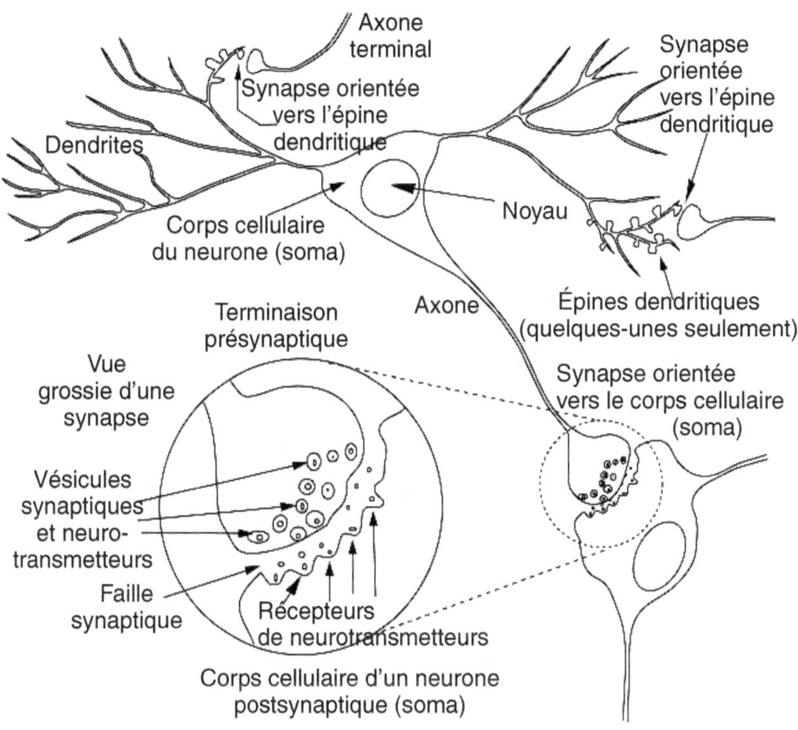

Figure 2.

Diagramme illustrant les connexions synaptiques entre deux neurones.

Un potentiel d'action voyageant le long de l'axone du neurone présynaptique cause la libération d'un neurotransmetteur dans la faille synaptique. Les molécules de neurotransmetteur se lient aux récepteurs de la membrane postsynaptique, modifiant ainsi la probabilité pour que le neurone postsynaptique s'éveille. (Du fait du nombre de configurations et de types différents de neurones, ce dessin est nécessairement un croquis hautement simplifié.)

travers la synapse) à un neurone postsynaptique (celui qui reçoit le signal). La portion présynaptique de la synapse contient un ensemble particulier de minuscules vésicules au sein desquelles se trouvent des substances chimiques appelées neurotransmetteurs. Les neurones possèdent une charge électrique résultant des propriétés de leur membrane, et, lorsqu'un neurone est excité, le courant passe par des canaux qui s'ouvrent à travers la membrane. Par suite, une onde de potentiel électrique dite potentiel d'action se déplace du corps cellulaire vers l'axone présynaptique et cause l'émission de molécules neurotransmettrices de la vésicule vers la faille synaptique. Ces molécules se lient aux récepteurs moléculaires ou aux canaux situés dans la cellule postsynaptique qui, cumulant leur action, peuvent éveiller en elle un potentiel d'action. Ainsi la communication neuronale résulte-t-elle de la combinaison d'événements électriques et chimiques contrôlés.

Essayez maintenant d'imaginer le nombre considérable de neurones qui s'éveillent dans diverses aires du cerveau. Certains de ces éveils sont cohérents (ils sont simultanés), d'autres non. Différentes régions du cerveau ont différents neurotransmetteurs et substances chimiques dont les propriétés changent le *timing*, l'amplitude et la succession de l'éveil neuronal. Pour assurer et préserver les structures complexes de l'activité dynamique dans les cerveaux en bonne santé, certains neurones sont inhibiteurs : ils suppriment l'éveil des autres, qui sont excitateurs. La plupart des neurones excitateurs utilisent le glutamate comme neurotransmetteur, alors que les neurones inhibiteurs utilisent le GABA (acide gamma-aminobutyrique). Nous pouvons pour l'instant ignorer les détails chimiques et admettre simplement que les effets de différentes structures chimiques sont différents et que leur distribution et leur production peuvent ensemble exercer des effets significatifs sur l'activité neurale.

J'ai commencé par décrire le cortex. Sans perdre de vue l'image d'un neurone polaire, nous pouvons nous tourner brièvement vers d'autres régions clés du cerveau. L'une des structures anatomiques les plus importantes pour comprendre l'origine de la conscience est le thalamus. Située au centre du cerveau, elle est essentielle pour le fonctionnement conscient, même si elle n'est guère plus grosse que le dernier os de votre pouce. Lorsque les nerfs issus de différents récepteurs sensoriels au service de différentes modalités (situés dans vos yeux, vos oreilles, votre peau, etc.) se déplacent vers votre cerveau, chacun se connecte au thalamus pour former des faisceaux spécifiques de neurones appelés noyaux. Les neurones postsynaptiques de chaque noyau thalamique spécifique projettent alors des axones qui voyagent vers des aires particulières du cortex. Un exemple bien étudié : la projection des neurones de la rétine à travers le nerf optique vers la partie du thalamus appelée noyau géniculé latéral et ensuite vers l'aire corticale visuelle primaire, dite V1 (pour « aire visuelle 1 »).

Les nombreuses connexions qui relient le thalamus et le cortex ont une caractéristique frappante : non seulement le cortex reçoit beaucoup d'axones venus des neurones thalamiques, mais des fibres axonales réciproques retournent aussi du cortex au thalamus. On parle donc de projections thalamocorticales et de projections corticothalamiques. Ce type de connexions abonde au sein du cortex lui-même ; on les appelle tractus cortico-cortical. Exemple frappant : le paquet de fibres qu'on appelle le corps calleux, qui connecte les deux hémisphères du cortex et consiste en plus de deux cents millions d'axones réciproques. Le fait de sectionner le corps calleux donne lieu au syndrome du *split-brain*, lequel, dans certains cas, cause l'apparition remarquable de deux consciences séparées et très différentes.

Chaque noyau thalamique spécifique (et il en existe beaucoup) ne se connecte pas directement à n'importe quel autre. À la périphérie du thalamus, cependant, on trouve une structure en couches dite noyau réticulé, qui se connecte aux noyaux spécifiques et peut inhiber leur activité. Le noyau réticulé, soupçonne-t-on, agit de façon à brancher ou à « filtrer » l'activité des noyaux thalamiques spécifiques, ce qui déclenche des structures différentes d'expression des modalités sensorielles comme la vision, l'ouïe et le toucher. Un autre ensemble de noyaux thalamiques, dits noyaux intralaminaires, reçoit les connexions en provenance de certaines structures inférieures qui sont situées dans le tronc cérébral et sont concernées par l'activation de multiples neurones ; elles se projettent alors vers de nombreuses aires différentes du cortex. On soupçonne que l'activité de ces noyaux intralaminaires est essentielle pour la conscience en ce qu'elle établit les seuils ou les niveaux qui conviennent de réponse corticale — si le seuil était trop élevé, il y aurait perte de conscience.

Nous pouvons maintenant en venir à d'autres structures du cerveau qui sont importantes pour suivre la piste des bases neurales de la conscience. Ce sont les grandes régions subcorticales qui comprennent l'hippocampe, les ganglions de la base et le cervelet. L'hippocampe est une structure corticale ancienne du point de vue de l'évolution et alignée comme une paire de saucisses recourbées le long de la paroi intérieure du cortex cérébral, une du côté droit et une du côté gauche. En coupe, chaque saucisse ressemble à un cheval de mer, d'où son nom. L'étude des propriétés neurales de l'hippocampe fournit des exemples importants de certains des mécanismes synaptiques qui sous-tendent la mémoire. L'un d'eux, qu'il ne faut pas confondre avec la mémoire elle-même, est la modification de force ou d'efficacité des synapses de l'hippocampe qui survient dans certaines structures de stimulation neurale. De cette modification, qui peut être positive pour une potentialisation à long terme ou négative pour une dépression à long terme, certaines voies neurales sont dynamiquement favorisées au détriment d'autres.

Il faut souligner le point suivant : alors que la modification synaptique est essentielle pour le fonctionnement de la mémoire, celle-ci est une propriété de système qui dépend aussi de connexions neuroanatomiques spécifiques.

La force, ou efficacité, synaptique plus grande au sein d'une voie entraîne une plus forte probabilité de conduction le long de la voie, alors qu'une diminution de la force synaptique diminue cette probabilité. On a découvert que les règles dites synaptiques qui gouvernent ces modifications prennent diverses structures, à la suite des propositions initiales du psychologue Donald Hebb et de Friedrich von Hayek, un économiste qui, lorsqu'il était jeune, avait beaucoup réfléchi à la façon dont fonctionne le cerveau. Ces chercheurs suggéraient qu'une augmentation de l'efficacité synaptique se produisait lorsque les neurones pré- et postsynaptique s'éveillaient selon un ordre temporel strict. On a observé diverses modifications de cette règle fondamentale dans différentes parties du système nerveux. Ce qui est particulièrement étonnant à propos de l'hippocampe, où ces règles ont été étudiées en détail, c'est le fait que, si on retire cette structure des deux côtés, la mémoire épisodique disparaît, c'est-à-dire la mémoire des épisodes ou des expériences spécifiques de la vie. Par exemple, on a retiré l'hippocampe à un patient très célèbre, H. M., afin de traiter ses accès d'épilepsie. Du coup, il ne pouvait plus traduire sa mémoire à court terme des événements en un récit suivi, état qu'on voit représenté de façon poignante dans le film *Memento*. On estime en général que ce type de récits suivis résulte du renforcement de certaines connexions synaptiques entre l'hippocampe et le cortex. En leur absence, il ne peut plus y avoir de modifications synaptiques correspondantes dans le cortex, et on perd la capacité de se souvenir d'épisodes sur le long terme. Ce type de patient peut se rappeler des épisodes qui ont eu lieu jusqu'à son opération, mais il n'a plus de mémoire à long terme quant à la suite. Étonnamment, chez certains animaux comme les rongeurs, le bon fonctionnement de l'hippocampe est nécessaire aux souvenirs du sentiment de l'espace. Si ce n'est pas le cas, l'animal ne peut se rappeler les lieux cibles qu'il a explorés.

Jusqu'à présent, je n'ai évoqué que le fonctionnement sensoriel ou cognitif. Toutefois, les fonctions motrices ont aussi une importance essentielle, non seulement pour réguler les mouvements, mais aussi pour former des images et des concepts, comme nous le verrons. Le cortex moteur primaire constitue à cet égard une aire de sortie clé, puisqu'il envoie des signaux aux muscles par le biais de la moelle épinière. Le cortex comporte aussi bien d'autres aires motrices, et certains noyaux du thalamus sont également liés à la fonction motrice. C'est le cas aussi du cervelet, gros bulbe situé à la base du cervelet et au-dessus du tronc cérébral (voir figure 1). Il semble que le cervelet serve à coordonner et à enchaîner les actions motrices et les boucles sensori-motrices. Cependant, rien ne prouve qu'il participe directement à l'activité consciente.

Un étonnant groupe de structures, connues sous le nom de ganglions de la base, revêt une importance essentielle pour le contrôle et l'enchaînement des mouvements. Des lésions affectant certaines structures situées dans ces noyaux donnent lieu à un déficit de neurotransmetteur dopamine et par conséquent aux symptômes de la maladie de Parkinson. Les patients souffrant de cette affection tremblent, ont du mal à prendre l'initiative d'une activité motrice, semblent rigides et développent même parfois certains symptômes mentaux. Comme on le voit sur la figure 1, les ganglions de la base sont situés au centre du cerveau et sont liés au cortex *via* le thalamus. Leur mode de connexion neurale, radicalement différente de celle du cortex, repose sur des circuits formés de synapses successives et de boucles polysynaptiques reliant les différents ganglions. En majorité, on n'observe pas dans les ganglions de la base les structures de connexions réciproques qu'on peut voir dans le cortex lui-même et entre celui-ci et le thalamus. Surtout, la plus grande partie de l'activité des ganglions de la base passe par les neurones inhibiteurs qui ont pour neurotransmetteur le GABA. Pour autant, puisqu'il peut y avoir inhibition de l'inhibition (ou désinhibition) dans ces boucles, elles peuvent aussi bien stimuler les neurones cibles qu'arrêter leur activité.

On considère que les ganglions de la base sont impliqués dans le déclenchement et le contrôle des structures motrices. Il est aussi probable qu'une grande partie de ce qu'on appelle la mémoire procédurale (par exemple, le fait de se souvenir comment faire de la bicyclette) et des autres activités apprises non conscientes dépend du fonctionnement des ganglions de la base. Comme nous le verrons plus loin, les fonctions régulatrices des ganglions de la base sont également importantes pour former les catégories de la perception pendant l'expérience.

Un dernier ensemble de structures est essentiel pour l'activité du cerveau liée à l'apprentissage et pour assurer le bon fonctionnement de la conscience. Ce sont les systèmes ascendants, que mes collaborateurs et moi-même avons appelés systèmes de valeur parce que leur activité est liée aux récompenses et aux réponses nécessaires à la survie. Ils ont chacun un neurotransmetteur différent et, à partir de leur noyau d'origine, ils envoient des axones du haut en bas du système nerveux pour former une structure qui se disperse. Ces noyaux comprennent le locus ceruleus, un assez petit groupe de neurones situés dans le tronc cérébral et qui libère de la noradrénaline, le noyau raphé, qui libère de la sérotonine, les divers noyaux cholinergiques, ainsi dénommés parce qu'ils libèrent de l'acétylcholine, les noyaux dopaminergiques, qui se trouvent dans une région sous-corticale appelée hypothalamus, zone qui affecte beaucoup de fonctions corporelles essentielles.

Ce qui est étonnant avec ces systèmes de valeur, c'est qu'en se projetant un peu partout chacun agit sur d'importantes populations de neurones de façon simultanée en libérant son neurotransmetteur à la manière d'un tuyau d'arrosage qui fuit. Ce faisant, ces systèmes affectent la probabilité pour que les neurones voisins des axones du système de valeur s'éveillent après avoir reçu du glutamate. Ces systèmes agissent donc sur les réponses neuronales qui affectent l'apprentissage et la mémoire, et qui contrôlent les réponses corporelles nécessaires à la survie. C'est pour cette raison qu'on les appelle systèmes de valeur. En outre, d'autres zones du cerveau ont des fonctions modulatrices médiatisées par des substances dites neuropeptides. Par exemple, l'enképhaline, opioïde endogène qui régule les réponses de douleur. De plus, d'autres aires du cerveau, comme l'amygdale, sont impliquées dans les réponses émotionnelles, la peur par exemple. Il n'est pas nécessaire de décrire en détail ces aires pour notre propos.

En résumé, on pourrait dire que, en gros, il existe trois grands motifs neuroanatomiques dans notre cerveau (voir figure 3). Le premier est le motif thalamocortical, dont les groupes de neurones étroitement connectés sont reliés à la fois de façon locale et à distance par d'abondantes connexions récriproques. Le deuxième est la structure polysynaptique en boucle des circuits inhibiteurs des ganglions de la base. Le troisième se compose des projections ascendantes très développées des différents systèmes de valeur. Évidemment, cette généralisation est une simplification, vu la complexité des détails du câblage neural. Mais, comme nous le verrons, elle est utile ; nous pourrons nous en débarrasser une fois que nous nous en serons servis.

Voilà pour ce qui est simple. En fait, l'image que j'ai pour l'instant donnée souligne la dynamique extrêmement complexe des structures neurales du cerveau. Une fois que vous avez contemplé la disposition en gros des régions cérébrales sur la figure 1 et compris la synapse représentée sur la figure 2, fermez les yeux et imaginez la myriade d'allumages neuraux dans des millions de voies. Une partie de cette activité neurale a lieu à certaines fréquences, alors que d'autres ont des fréquences variables.

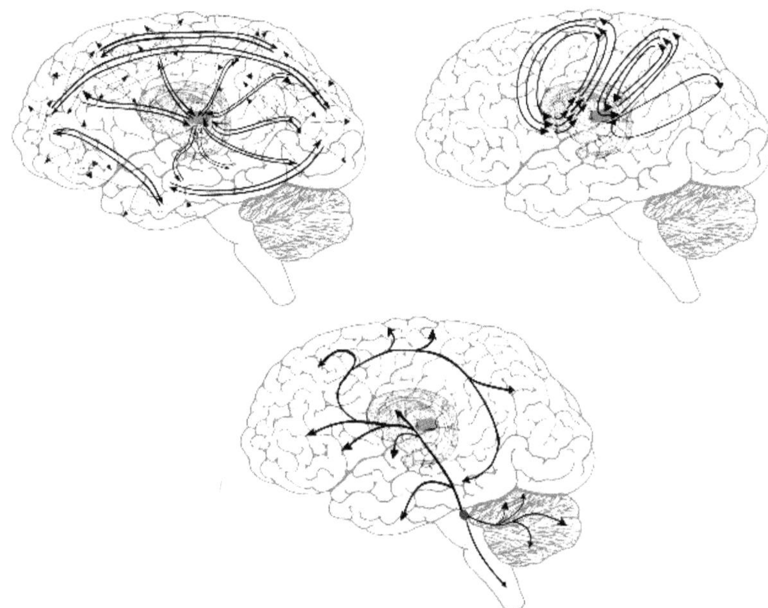

Figure 3.

Configuration fondamentale des trois sortes de systèmes neuroanatomiques du cerveau.

Le diagramme du haut montre la topologie schématique du système thalamocortical, maillage dense de connexions réentrantes entre le cortex et les différentes aires corticales. Le diagramme du milieu montre les longues boucles polysynaptiques qui relient le cortex aux structures sous-corticales comme les ganglions de la base. Dans ce cas, ces boucles vont des ganglions de la base au thalamus, puis au cortex, et repartent de ses aires cibles vers les ganglions. En général, ces boucles ne sont pas réentrantes. Le diagramme du bas monte l'un des systèmes de valeur se projetant un peu partout, dans lequel le locus ceruleus distribue une « chevelure » de fibres dans tout le cerveau. Ces fibres émettent du neuromodulateur noradrénaline lorsque le locus ceruleus est activé.

L'activité corporelle et les signaux issus de l'environnement et du cerveau lui-même modifient les voies favorisées au détriment d'autres par suite de modifications de la force synaptique. Je doute que le lecteur puisse visualiser précisément le nombre astronomique de structures neurales dans leur détail, mais cet exercice permettra d'apprécier la complexité du cerveau.

Nous sommes désormais en position d'aborder certaines des questions posées au début de ce chapitre. Celle de savoir si le cerveau est un ordinateur, par exemple. Si nous étudions comment les circuits neuraux se construisent pendant le développement animal, c'est improbable. Pendant le développement, le cerveau est issu d'une région de l'embryon dite tube neural. Les cellules qui lui donnent naissance (qui sont les précurseurs des neurones et supportent les cellules appelées gliales) adoptent certaines structures afin de former diverses couches et structures. Quand elles se différencient pour devenir des neurones, beaucoup meurent aussi. Au tout début de la neuroanatomie, on observe d'importantes variations statistiques à la fois dans le mouvement des cellules et dans leur mort. Dès lors, deux individus, voire deux vrais jumeaux, ne possèdent jamais les mêmes structures anatomiques.

Au cours des premières étapes du développement, l'organisation cellulaire d'une espèce est contrôlée par des familles de gènes parmi lesquels ceux qu'on appelle *Hox* et *Pax*. À un certain stade, le contrôle des connexions et du destin neural devient épigénétique, c'est-à-dire qu'il n'est pas « programmé » une fois pour toutes, mais influencé par les structures de l'activité neurale. Les neurones qui s'éveillent ensemble sont branchés ensemble. Alors qu'au cours des premières étapes le mouvement cellulaire structuré et la mort cellulaire programmée déterminent la structure anatomique, le mouvement et la mort des neurones individuels sont statistiquement variables ou stochastiques. De même pour quels neurones en particulier se connectent au cours des étapes ultérieures. Il en résulte une structure de permanence et de variation qui donne lieu à des réseaux fortement individués chez chaque animal. Ce n'est pas ainsi qu'on fabrique un ordinateur, lequel doit exécuter des algorithmes ou des procédures selon un programme préconçu de façon précise et sans erreur de branchement.

D'autres raisons, encore plus nettes, plaident pour qu'on rejette l'idée selon laquelle l'action du cerveau reposerait sur une computation digitale. Comme nous le verrons, ce qui serait une perturbation fatale pour un ordinateur est en fait essentiel pour que s'exercent les fonctions cérébrales supérieures. Pour l'instant, examinons cependant certains autres aspects de la complexité cérébrale et ses relations avec la structure et le fonctionnement du cerveau.

En survolant ce que j'ai dit de la disposition générale des aires cérébrales, on pourrait être tenté d'en conclure que le fonctionnement clé du cerveau est la modularité. Puisque certaines régions sont isolées d'un point de vue fonctionnel, par exemple pour la vision (et même pour la couleur, le mouvement, l'orientation) et de même pour l'ouïe et le toucher, on pourrait en déduire que l'action cérébrale spécifique est principalement le résultat du fonctionnement spécialisé de ces zones ou modules. Poussée à l'extrême, cette idée simple a donné la phrénologie, inventée par Franz Josef Gall, selon laquelle le cerveau aurait des facultés séparées et localisées. Nous savons aujourd'hui que ce type de modularité est indéfendable. La conception contraire, selon laquelle le cerveau fonctionne comme un tout (ou vision holistique), ne résistera pas non plus à l'examen.

La notion de modularité est fondée sur une interprétation trop simple des effets de l'ablation de parties du cerveau, par expérimentation chez l'animal, par suite d'une attaque ou d'une opération pour épilepsie. Il est clair par exemple que l'ablation de l'aire corticale V1 rend aveugle. Cependant, il ne s'ensuit pas que toutes les propriétés de la vision soient assurées par le fonctionnement de V1, la première aire corticale de la série formant la voie visuelle. De même, bien que les techniques modernes d'imagerie révèlent que certaines aires du cerveau sont actives dans certaines tâches, il ne s'ensuit pas que l'activité de ces aires soit la *seule et unique* cause de comportements particuliers. Ce qui est nécessaire n'est pas forcément suffisant. L'argument contraire ou holistique n'est pas tenable non plus — on doit rendre compte à la fois de l'intégration *et* de la différenciation de l'activité cérébrale. Or c'est justement l'une de nos principales tâches que de proposer une théorie globale du cerveau.

Comme nous le verrons plus loin, la controverse ancienne entre localisationnistes et holistes tombe si on examine comment les régions du cerveau isolées d'un point de vue fonctionnel sont reliées pour former un système complexe d'une façon imbriquée et intégrée. Cette intégration est essentielle pour qu'émerge la conscience.

Ce raisonnement est décisif pour comprendre la relation entre le fonctionnement du cerveau et la conscience. Évidemment, lorsque certaines aires du cerveau sont endommagées ou retirées, cela conduit à une inconscience permanente. C'est le cas par exemple de la formation réticulée. Et de la région du thalamus qui contient les noyaux intralaminaires. Ces structures ne constituent pas pour autant le site de la conscience. En tant que processus, la conscience a besoin de leur activité, mais rendre compte des propriétés jamesiennes de la conscience exige de se doter d'une image bien plus dynamique incluant l'intégration de l'activité de multiples régions du cerveau. Nous pouvons maintenant jeter les bases d'une telle image en envisageant une théorie globale du cerveau qui rende compte de l'évolution, du développement et du fonctionnement de l'un des organes les plus complexes.

Chapitre 4

Le darwinisme neural

UNE THÉORIE GLOBALE DU CERVEAU

Un principe simple régit la façon dont fonctionne le cerveau : il a évolué, c'est-à-dire qu'il n'a pas été conçu. Ainsi formulé, ce principe semble presque bébête. Il ne faut pourtant pas oublier que, bien que l'évolution ne soit pas intelligente, elle est formidablement puissante. Et cette puissance, elle la tient de la sélection naturelle qui agit dans des environnements complexes sur des éternités de temps. Le raisonnement en termes de population joue un rôle clé chez Darwin : les structures de fonctionnement et les organismes tout entiers sont le résultat d'une sélection entre diverses variantes individuelles au sein d'une population, qui luttent les unes contre les autres pour la survie. Cette idée me semble centrale, non seulement si on considère la façon dont le cerveau a évolué, mais aussi si on pense à la manière dont il se développe et fonctionne.

Le fait de recourir au raisonnement en termes de population pour comprendre comment le cerveau fonctionne conduit à une théorie globale, appelée darwinisme neural ou théorie de la sélection des groupes de neurones.

Qu'entendre par le terme « global », et pourquoi nous faut-il une théorie globale du cerveau ? Expliquer la conscience requiert nécessairement de comprendre la perception, la mémoire, l'action et l'intention — bref, de comprendre en général comment le cerveau fonctionne et pas seulement comment fonctionne l'une ou l'autre de ses régions. Étant donné la richesse, la variété et la gamme des expériences conscientes, il est important aussi d'édifier une théorie du cerveau qui soit principielle et compatible avec l'évolution et le développement. Par « principielle », je veux dire une théorie qui décrive les principes régissant les principaux mécanismes grâce auxquels le cerveau traite les informations et la nouveauté. L'idée que le cerveau s'apparente à un ordinateur ou à une machine de Turing constitue une telle théorie ou modèle. Au contraire de ce modèle instructionniste, qui repose sur des programmes et des algorithmes, ceux qui sont fondés sur le raisonnement en termes de population s'appuient sur la sélection d'éléments ou états particuliers tirés d'un vaste répertoire de variantes d'éléments ou états. Les explications de la conscience fondées sur l'une ou l'autre de ces deux sortes de modèles diffèrent beaucoup. Je ne fais aujourd'hui pas mystère que je préfère les modèles sélectionnistes fondés sur le raisonnement en termes de population.

Si celui-ci est si important pour déterminer comment fonctionne le cerveau, c'est en raison de l'ampleur extraordinaire des variations qu'on observe dans chaque cerveau individuel. C'est vrai à tous les niveaux de structure et de fonctionnement. Différents individus se caractérisent par différentes influences génétiques, différentes séquences épigénétiques, différentes réactions corporelles et différentes histoires intervenues dans des environnements divers. Il en résulte une variation importante au niveau de la chimie neuronale, de la structure des réseaux, des forces synaptiques, des propriétés temporales, des souvenirs et des structures de motivation régies par les systèmes de valeur. À la fin, les différences sont évidentes d'une personne à l'autre dans les contenus et les styles de leur courant de conscience. La variabilité des systèmes nerveux individuels a fait l'objet de commentaires de la part de l'éminent spécialiste de neurosciences Karl Lashley, lequel admettait qu'il ne disposait d'aucune explication toute prête pour justifier l'existence d'une telle variation. Même si le cerveau témoigne de structures générales en comparaison de cette variation, on ne peut y voir une simple perturbation. Il y en a trop, et à trop de niveaux d'organisation — les molécules, les cellules, les circuits. Il est fort peu probable que l'évolution, tel un programmateur informatique ayant à s'occuper des perturbations, ait inventé de multiples codes de correction pour que soient préservées les structures du cerveau en contrebalançant cette énorme variation.

Une autre façon de considérer la variabilité neurale consiste à penser qu'elle est fondamentale et à supposer que les différences locales et individuelles au sein de chaque cerveau forment des populations de variantes. Dès lors, la sélection de ces populations de variantes pourrait donner lieu à des structures même dans des circonstances imprévisibles, pourvu que certaines contraintes de valeur ou d'adaptation soient satisfaites. Au cours de l'évolution, les individus adaptés survivent et ont davantage de descendants. Dans le cerveau individuel, ces populations synaptiques qui satisfont les systèmes de valeur ou récompenses ont plus de chances de survivre ou contribuent davantage à la production du comportement futur.

Cette vision s'oppose nettement aux modèles informatiques du cerveau et de l'esprit. Selon eux, les signaux de l'environnement véhiculent des informations entrantes sans ambiguïté, une fois que le bruit perturbateur est lissé ou traité. Ces modèles présupposent que le cerveau possède un ensemble de programmes, dits procédures d'action, qui sont capables de modifier les états fondés sur les informations véhiculées par les entrées, ce qui déclenche les sorties adaptées d'un point de vue fonctionnel. Ces modèles sont instructionnistes au sens où les informations du monde sont supposées susciter la formation de réponses adaptées sur la base d'une déduction logique. Cependant, ils ne tiennent pas compte du fait que les entrées dans le cerveau ne sont pas sans ambiguïtés — le monde n'est pas une cassette sur laquelle serait enregistrée une suite fixe de symboles attendant d'être lus par le cerveau. J'ai déjà mentionné à quel point les circuits si variables des cerveaux bien réels constituent un défi pour les modèles computationnels du cerveau.

Tout un ensemble de questions fonctionnelles rend également les modèles computationnels peu probables. Par exemple, les connexions encartées qui vont du sens du toucher dans la main à la région du cortex somato-sensoriel en passant par le thalamus sont variables et plastiques, même chez les adultes. Les sous-régions du cortex somato-sensoriel qui portent les cartes des doigts peuvent voir leurs frontières se déplacer par suite de l'utilisation excessive d'un seul doigt — c'est-à-dire d'un changement dans le *contexte* de leur usage. On note des phénomènes similaires reflétant cette dépendance au contexte et cette variation dynamique dans les circuits opérationnels pour d'autres sens. De plus, dans les systèmes sensoriels comme celui de la vision, de multiples régions corticales sont isolées d'un point de vue fonctionnel, par exemple pour la couleur, le mouvement, l'orientation, etc. Ces aires spécialisées d'un point de vue fonctionnel peuvent dépasser la trentaine et sont réparties dans tout le cerveau. Et pourtant, il n'y a pas d'aire de supervision ou de système d'exploitation reliant la couleur, le bord, la forme et le mouvement d'un objet pour former un percept cohérent. Cette liaison ne s'explique pas en invoquant un programme informatique visuel qui opérerait selon les principes de l'intelligence artificielle. Pour autant, un percept cohérent apparaît dans divers contextes. Expliquer comment cela se produit permettra de résoudre ce qu'on appelle le problème de la liaison. Une théorie globale du cerveau doit apporter une solution satisfaisante à ce problème en proposant un mécanisme qui convienne. Il sera bientôt clair que cette solution est centrale pour comprendre la conscience.

Pour souligner la dépendance de la perception au contexte, faisons appel à l'abondante phénoménologie des illusions, visuelles ou autres. Prenons par exemple la structure de Kanizsa, qui est constituée par les portions angulaires d'un triangle déconnectées, mais qui semble montrer un triangle sous-jacent aux limites nettes (voir figure 4). Et pourtant, il n'y a pas de vraie différence

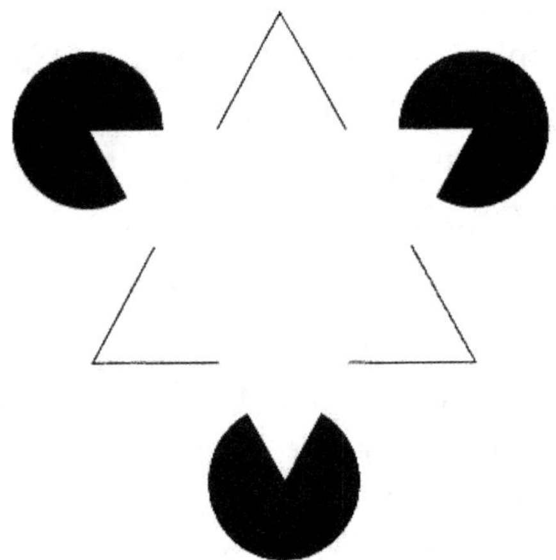

Figure 4.

Illusion de contours dans un triangle de Kanizsa.
La plupart des gens disent voir apparaître une forme triangulaire bien distincte et estiment que la luminosité apparente est plus forte au sein du triangle. Cela ne correspond à aucune des caractéristiques de l'image physique.

d'énergie dans la lumière que reçoivent les deux côtés du contour qu'on perçoit. Ce contour est donc appelé « illusion ». C'est le cerveau qui le construit, et, d'ailleurs, ce n'est pas nécessairement une ligne droite, ce peut être une ligne courbe selon le contexte de la figure particulière qu'on utilise.

Beaucoup d'autres réponses fonctionnelles chez l'animal qui perçoit pourraient être décrites pour illustrer pourquoi un programme *a priori* n'est pas une explication probable des propriétés physiologiques ou psychologiques. Je n'en mentionnerai que deux autres. La première est la tendance remarquable qu'ont les cerveaux à rechercher les pleins et à éviter les vides. Dans la vie quotidienne, par exemple, vous ne voyez pas la tache aveugle qui est occasionnée dans votre champ de vision par le nerf optique situé près du centre de votre rétine. On connaît des phénomènes encore plus étonnants en neuropsychologie, laquelle, entre autres choses, étudie les réponses aux attaques. Ce domaine est plein d'exemples de phénomènes de remplissage qui peuvent être des illusions. L'anosognosie est un exemple des plus pittoresques. Le patient paralysé souffrant de ce syndrome ne reconnaît pas l'existence de sa paralysie même si elle concerne tout son côté gauche. Dans ce cas, on voit une adaptation et une intégration extraordinaires du cerveau endommagé pour répondre à la perte des aires corticales.

En plus de la construction et du remplissage, et peut-être en liaison avec eux, la capacité du cerveau à généraliser est étonnante. Un exemple mérite d'être souligné : l'aptitude qu'ont les pigeons, quand on les récompense comme il faut, de regarder un grand nombre de photos de diverses espèces de poissons de diverses tailles et dans divers contextes, et d'apprendre à reconnaître positivement les similitudes. Des pigeons entraînés pour cette tâche peuvent reconnaître que ces diverses images ont quelque chose en commun dans 80 % des cas. Il est fort peu probable que ce comportement résulte d'un gabarit fixé à l'avance ou d'un ensemble d'algorithmes présents dans le cerveau des pigeons. On ne peut non plus l'expliquer par la sélection naturelle de la reconnaissance positive du poisson. Les pigeons n'évoluent ni ne vivent avec le poisson, et ils n'en mangent pas.

Je pourrais citer de nombreux autres exemples allant du développement anatomique du cerveau à la variation individuelle entre les images au scanner du cerveau prises chez des humains accomplissant des tâches similaires. La conclusion est claire, cependant : le cerveau des animaux supérieurs construit de façon autonome des réponses structurées aux environnements qui sont riches en nouveauté. Et ils ne le font pas à la manière d'un ordinateur — en se servant de règles formelles régies par des instructions ou des signaux entrants explicites et sans ambiguïtés. Une fois de plus, avec du sentiment : le cerveau n'est pas un ordinateur, et le monde n'est pas une cassette enregistrée.

Si le cerveau n'est pas un ordinateur et si le monde n'est pas une cassette enregistrée, comment le cerveau fait-il pour produire des réponses adaptées et structurées ? Comme je l'ai déjà suggéré, la réponse réside dans une théorie sélectionniste que j'ai appelée théorie de la sélection des groupes de neurones, ou TSGN (figure 5). Cette théorie repose sur trois principes : (1) la sélection développementale — au début de l'établissement de la neuroanatomie, les variations épigénétiques des structures de connexions entre les neurones en croissance créent des répertoires dans chaque aire cérébrale qui consistent en millions de variantes de circuits ou groupes de neurones. Les variations surviennent au niveau des synapses à la suite du fait que les neurones qui s'éveillent ensemble se branchent ensemble durant les étapes embryonnaires et fœtales du développement. (2) la sélection par l'expérience — chevauchant cette première phase de la sélection et après que la neuroanatomie importante est construite, d'importantes variations de force synaptique, positive et négative, résultent de variations dans les entrées environnementales pendant le comportement. (3) la réentrée — pendant le développement, un grand nombre de connexions sont établies à la fois localement et sur de longues distances. Ce processus est à la base de l'émission de signaux entre les aires encartées à travers ces fibres réciproques. La réentrée, c'est l'échange récursif permanent de signaux parallèles entre les aires cérébrales qui sert à coordonner l'activité des différentes zones dans l'espace et dans le temps. Par opposition au *feed-back*, la réentrée n'est pas une transmission séquentielle d'un signal d'erreur dans une boucle simple. Elle implique simultanément beaucoup de voies réciproques parallèles et n'a pas de fonction d'erreur prescrite qui lui soit attachée.

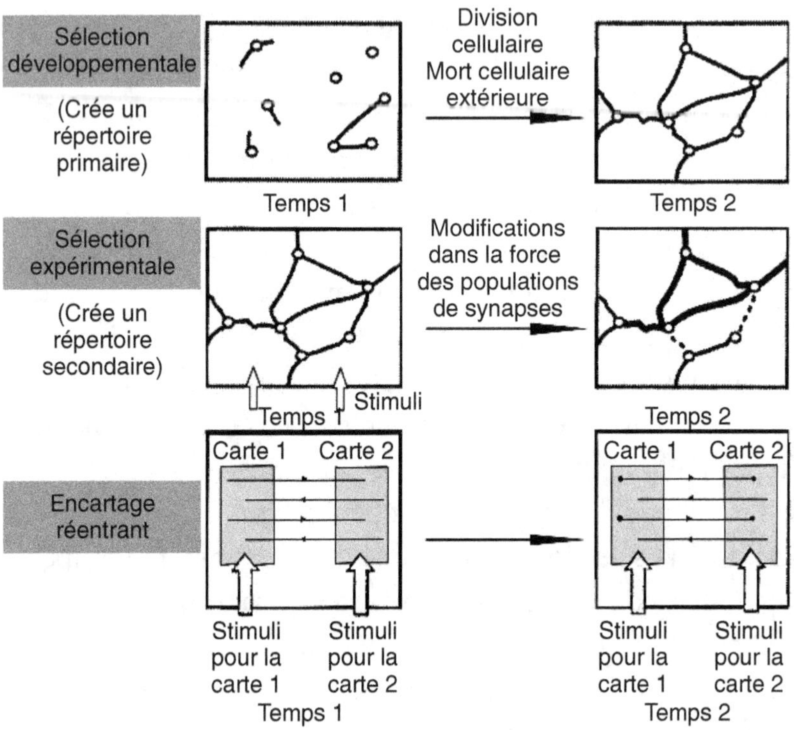

Figure 5.
Les trois grands principes de la théorie de la sélection des groupes de neurones, ou darwinisme neural.
(1) la sélection développementale donne lieu à un ensemble extrêmement divers de circuits, dont on voit l'un d'entre eux ; (2) la sélection par l'expérience donne lieu à des changements dans la force de connexion des synapses, ce qui favorise certaines voies (lignes noires épaisses) et en affaiblit d'autres (pointillés) ; (3) l'encartage réentrant, dans lequel les cartes cérébrales sont coordonnées dans le temps et dans l'espace par le biais d'une signalisation réentrante continuelle à travers les connexions réciproques. Les points noirs sur la carte de droite indiquent des synapses renforcées. En conséquence de (1) et (2),

Ce processus dynamique a pour conséquence la synchronisation dispersée de l'activité de groupes de neurones distribués un peu partout. Il relie leur activité isolée d'un point de vue fonctionnel pour former des circuits capables de produire des sorties cohérentes. En l'absence de logique (le principe d'organisation des ordinateurs en tant que systèmes d'instructions), la réentrée est le principe d'organisation central qui régit la coordination spatio-temporelle entre les multiples réseaux sélectifs du cerveau. Cela résout le problème de la liaison que j'ai mentionné plus haut. Par réentrée, la couleur, l'orientation et le mouvement d'un objet visuel par exemple peuvent être intégrés. Aucune carte de régulation n'est nécessaire pour coordonner et relier l'activité des diverses cartes individuelles qui sont isolées d'un point de vue fonctionnel pour chacun de ces attributs. Au lieu de cela, elles se coordonnent en communiquant directement les unes avec les autres, par réentrée.

Les trois principes de la TSGN pris ensemble forment un système sélectionniste. Les principaux exemples de systèmes sélectionnistes sont l'évolution, le système immunitaire et les systèmes nerveux complexes. Tous

(suite légende)

une myriade de circuits et de voies fonctionnelles est créée, qui constitue un répertoire d'événements sélectifs. Les événements ultérieurs et continuels de réentrée en (3) doivent être considérés comme dynamiques et récursifs, et comme refaisant sans cesse les cartes.

suivent trois principes régulateurs. Le premier présuppose un moyen d'engendrer de la diversité dans une population d'éléments, que ce soient des individus ou des cellules. Le deuxième est un moyen permettant des rencontres importantes entre les individus d'une population de variantes ou répertoire et le système à reconnaître, que ce soit un environnement écologique, une molécule étrangère ou un ensemble de signaux sensoriels. Le troisième principe est un moyen d'amplifier différentiellement le nombre, la survie et l'influence de ces éléments du répertoire diversifié qui remplissent les critères de sélection. Dans le cas de l'évolution, ce sont les critères d'adaptation qui permettent la survie différentielle et l'accouplement de certains individus — c'est-à-dire le processus de la sélection naturelle lui-même. Pour l'immunité, l'amplification passe par la division renforcée précisément des clones des cellules immunitaires qui possèdent à leur surface les anticorps se liant assez bien à certaines molécules étrangères ou antigènes pour avoir plus d'une certaine énergie critique de liaison. Dans les systèmes neuraux, l'amplification consiste à accroître la force des synapses et circuits de groupes de neurones qui satisfont les critères posés par les systèmes de valeur. Ce sont les groupes de neurones formés de neurones excitateurs ou inhibiteurs dans les structures anatomiques particulières plutôt que les neurones individuels qui sont sélectionnés.

Notez bien qu'alors que ces trois systèmes sélectifs obéissent à des principes *similaires,* ils utilisent différents *mécanismes* pour triompher de diverses entrées imprévues. L'évolution est bien sûr très particulière et englobe le tout, car elle est aussi responsable de la sélection des mécanismes différents utilisés par les systèmes immunitaire et nerveux. Elle tend à favoriser les individus qui utilisent efficacement ces mécanismes afin de mieux s'adapter et de permettre à davantage de leurs descendants de survivre.

Depuis que j'ai formulé la TSGN en 1978, un corpus de données de plus en plus abondantes est venu confirmer l'idée que les groupes de neurones connectés par des interactions réentrantes constituent les unités sélectives des cerveaux supérieurs. Ces données sont présentées dans un grand nombre de livres et d'articles, et je n'y reviendrai pas ici. J'envisagerai plutôt certaines conséquences de cette théorie qui sont particulièrement importantes pour comprendre les mécanismes sous-jacents à la conscience.

Cela a pour conséquence que, si le cerveau est si versatile dans ses réponses, c'est parce qu'elles sont dégénérées. La dégénérescence est l'aptitude qu'ont les éléments structurellement différents d'un système à assurer la même fonction et à produire la même sortie. Le code génétique représente un exemple très clair à cet égard. Il est formé de triplets de bases de nucléotides, dont il existe quatre sortes : G, C, A et T. Chaque triplet, ou codon, spécifie l'un des vingt différents acides aminés qui font une protéine. Puisqu'il y a soixante-quatre codons différents possibles — en fait, soixante et un, si on en laisse de côté trois —, ce qui fait un total de plus de un par acide aminé, les mots du code sont dégénérés. Par exemple, la troisième position de beaucoup de triplets peut contenir n'importe laquelle des quatre lettres ou bases sans changer leur spécificité de codage. S'il faut une suite de trois cents codons pour spécifier une suite de cent acides aminés dans une protéine, alors un grand nombre de suites de bases différentes dans les messages (environ 3^{100}) peut spécifier la même suite d'acides aminés. Malgré leurs structures différentes au niveau des nucléotides, ces messages dégénérés créent la même protéine.

La dégénérescence est une propriété biologique très répandue. Elle requiert un certain degré de complexité, non seulement au niveau cellulaire, mais aussi à celui de l'organisme, de la population. Elle est nécessaire pour que la sélection naturelle opère, et c'est une caractéristique centrale des réponses immunitaires. Même chez de vrais jumeaux dont les réactions immunitaires à un agent étranger n'utilisent, par exemple, en général pas des combinaisons identiques d'anticorps pour réagir à cet agent. C'est pourquoi beaucoup d'anticorps différents d'un point de vue structurel mais ayant les mêmes spécificités peuvent être sélectionnés au cours de la réaction immunitaire à une molécule étrangère donnée.

La dégénérescence est particulièrement importante pour aider à résoudre certains problèmes majeurs qui se posent dans les systèmes nerveux complexes. J'ai déjà mentionné le problème de la liaison. Comment est-il possible que, malgré l'absence de programme informatique, de système d'exploitation ou de carte de supervision, jusqu'à trente-trois cartes visuelles isolées d'un point de vue fonctionnel et très dispersées puissent cependant déclencher une perception qui relie de façon cohérente des bords, des orientations, des couleurs et du mouvement en une seule image perceptuelle ? Comment des cartes différentes pour la couleur, l'orientation, le mouvement de l'objet, etc. corrèlent-elles ou coordonnent-elles leurs réponses ? Comme je l'ai suggéré plus haut, la réponse se trouve dans des interactions réentrantes mutuelles qui, pour un temps, relient les groupes variés de neurones de chaque carte à ceux des autres pour former un circuit fonctionnel. Des simulations montrent que les neurones qui donnent lieu à ces circuits s'éveillent plus ou moins en phase les uns avec les autres, ou de façon synchrone. Mais, au cours de la période qui suit, différents neurones et groupes neuronaux peuvent former un circuit différent d'un point de vue fonctionnel, qui cependant a la même sortie. Et, de nouveau, au cours de la période suivante, un autre circuit se forme qui utilise certains des mêmes neurones, ainsi que d'autres qui sont entièrement nouveaux dans des groupes différents. Ces circuits différents sont dégénérés — ils sont différents par leur structure, mais ils déclenchent des sorties similaires pour résoudre le problème de la liaison (voir figure 6).

Au sein de chaque circuit particulier, les groupes neuronaux différents s'éveillent de façon synchrone. Cependant, ces différents circuits déclenchant la même sortie ne sont pas synchrones ou en phase les uns avec les autres, et ils n'ont pas lieu de l'être. Par suite de la réen-

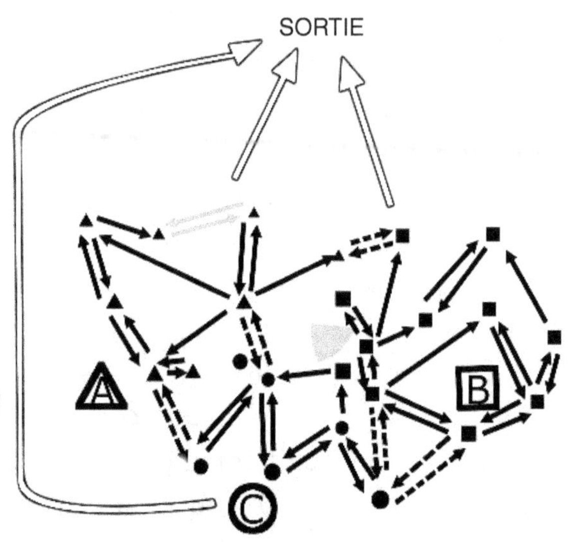

Figure 6.

Illustration de la dégénérescence des circuits réentrants dans le cerveau.

Même si les trois circuits qui se chevauchent en A, B et C sont différents, comme on le voit d'après les ombrés, ils peuvent déclencher une sortie similaire pendant une certaine période de temps.

trée, les propriétés de synchronisme et de cohérence permettent à plus d'une structure de donner une sortie similaire. Tant que ces opérations dégénérées ont lieu de façon successive pour relier des populations dispersées de groupes de neurones, un programme de supervision ou un système d'exploitation n'est pas nécessaire, comme ce serait le cas dans un ordinateur.

Formuler une théorie globale du cerveau comme la TSGN est essentiel pour comprendre comment le cerveau fonctionne, mais cela ne résout pas tous les problèmes mécaniques de détail qui sont liés aux opérations locales des réseaux situés dans les divers noyaux et régions du cerveau. Du moins cela supprime-t-il les paradoxes qui apparaissent si on suppose que le cerveau fonctionne comme un ordinateur. L'un d'eux conduit à imaginer une cellule dotée d'une fonction catégorielle déterminée qui dominerait le fonctionnement de tous les neurones subordonnés reliés à elle — par exemple, une cellule qui s'éveillerait quand on pense à une personne en particulier, une cellule grand-mère en somme. Une telle cellule n'est pas nécessaire dans cette théorie. Différentes cellules peuvent assurer la même fonction, et la même cellule peut, à deux moments différents, jouer un rôle dans différents groupes neuronaux. Surtout, vu la nature sélective des interactions supérieures dans le cerveau, il n'est pas nécessaire d'invoquer un homoncule, un petit homme qui vivrait dans le cerveau, pour interpréter la signification d'un percept. De même que la théorie darwinienne de la sélection naturelle a éliminé l'argument du dessein, de même la TSGN écarte le besoin de plan instructionnel ou d'homoncule dans la tête.

Ces points sont directement pertinents pour ma prochaine tâche : montrer comment les principes et les mécanismes de la TSGN peuvent nous aider à comprendre l'origine de la conscience.

Chapitre 5

Les mécanismes de la conscience

Mon présupposé fondamental stipule que le processus de la conscience est dû au fonctionnement du cerveau. Je dois donc montrer comment peut se produire cet événement de l'évolution qui a permis de relier des capacités ayant évolué précédemment à de nouvelles caractéristiques structurelles et fonctionnelles apparues par suite de la sélection naturelle. Pour ce faire, je dois disséquer les composants nécessaires dont les interactions se traduisent par l'apparition de la conscience primaire — c'est-à-dire l'aptitude à construire une scène de façon discriminante. Ainsi, avant de présenter les mécanismes de la conscience, j'envisagerai les processus cérébraux qui y contribuent et sont essentiels pour que ces mécanismes opèrent.

L'un de ces processus des plus fondamentaux dans les cerveaux supérieurs est l'aptitude à réaliser des catégorisations perceptives — à « donner sens » au monde. Cette aptitude permet à un animal de découper le monde des signaux qui lui viennent du corps et de l'environnement en séquences qui donnent lieu à un comportement adaptatif. Par exemple, nous recevons continuellement les signaux visuels parallèles et multiples d'une pièce et nous les catégorisons pour en faire des objets stables et cohérents (« chaises », « tables », etc.). Un chat sait faire de même, mais avec des réponses perceptives et motrices différentes (il sauterait sur l'objet que nous appelons table). Et un cafard traiterait le même objet comme un lieu où se cacher dans l'obscurité qui règne sous la table.

Dans le système nerveux des mammifères, la catégorisation perceptive est assurée par des interactions entre les systèmes sensoriels et moteurs dans ce que j'ai appelé des encartages globaux. Un encartage global est une structure dynamique contenant diverses cartes sensorielles, chacune ayant différentes propriétés isolées d'un point de vue fonctionnel, liées ensemble par réentrée. Celles-ci sont reliées en retour par des connexions non réentrantes à des cartes motrices et à des systèmes sous-corticaux comme le cervelet et les ganglions de la base. Le fonctionnement d'un encartage global consiste tout d'abord à échantillonner le monde des signaux par le mouvement et l'attention, puis à catégoriser ces signaux de façon cohérente par réentrée et synchronisation des groupes neuronaux. Cette structure, dont les composants sont à la fois sensoriels et moteurs, est le fondement principal de la catégorisation perceptive au sein des cerveaux supérieurs.

Si cette dernière est fondamentale, elle ne peut à elle seule donner lieu à une généralisation entre les divers complexes de signaux afin de créer les propriétés que ces signaux ont en commun. Pour produire de telles généralisations, le cerveau doit encarter ses propres activités, qui sont alors représentées par plusieurs encartages globaux, afin de créer un concept — c'est-à-dire de dresser des cartes de ses cartes perceptives. Par exemple, pour enregistrer un mouvement vers l'avant, le système nerveux d'un chat doit encarter ses propres activités de la manière suivante : « cervelet et ganglions de la base actifs dans la structure a, régions prémotrice et motrice actives dans la structure b et sous-modalités des cartes visuelles actives dans les structures x, y, z ». Bien que, pour mieux l'illustrer, j'aie exprimé cet encartage généralisé sous la forme d'une proposition (ou expression verbale), l'opération qui a lieu dans le cerveau du chat n'est évidemment pas propositionnelle. Les cartes corticales supérieures situées dans les aires préfrontales, pariétale et temporale assurent sans doute cette construction, qui pourrait correspondre à un « universel », à un *concept* du mouvement vers l'avant. Aucune somme linéaire des encartages globaux ne donne naissance à une telle généralisation. Elle a plutôt lieu par abstraction de certaines caractéristiques de ces encartages grâce à des cartes de niveau supérieur.

La catégorisation perceptive et la formation de concepts ne permettraient pas à un animal de s'adapter en l'absence de mémoire, et, comme nous le verrons, comprendre la mémoire est essentiel pour formuler une théorie de la conscience. Selon la TSGN, la mémoire est la capacité à répéter ou à supprimer un acte mental ou physique spécifique. Elle résulte de modifications affectant l'efficacité synaptique (ou force synaptique) dans les circuits de groupes neuronaux. Une fois que ces modifications ont eu lieu, elles tendent à favoriser l'engagement de certains de ces circuits à recommencer. Cet engagement peut avoir lieu de plusieurs façons — c'est-à-dire de manière dégénérée. Comme nous le verrons, certaines formes de mémoire exigent des modifications relativement rapides de l'efficacité synaptique ou bien au moins l'activité incessante de circuits neuraux parallèles pendant des périodes de temps de moins d'un tiers de seconde environ. D'autres formes de mémoire impliquent des modifications plus lentes, mais plus stables dans la force synaptique.

Les spécialistes de la mémoire ont utilement catégorisé divers systèmes de la mémoire. Ils distinguent la mémoire à long terme et la mémoire à court terme, ou mémoire de travail, en considérant le temps que dure un souvenir particulier et les structures dont il dépend. Les spécialistes du cerveau distinguent aussi la mémoire procédurale — qui reflète l'apprentissage moteur et ses actes complexes — et la mémoire épisodique, c'est-à-dire l'aptitude à se souvenir sur le long terme de suites d'événements ou récits. Comme je l'ai déjà mentionné, la mémoire épisodique dépend d'interactions entre l'hippocampe et le cortex cérébral. Si ces diverses classifications sont très importantes et utiles, il est probable que beaucoup d'autres systèmes de la mémoire restent à décrire. Il reste surtout beaucoup à faire pour découvrir les interactions entre les divers systèmes de la mémoire.

Beaucoup d'autres points doivent être clarifiés pour comprendre comment la mémoire opère dans les cerveaux supérieurs. Par exemple, elle n'équivaut pas simplement à la modification synaptique, bien que des modifications dans la force synaptique soient essentielles. La mémoire est plutôt une propriété de système reflétant les effets du contexte et les associations de divers circuits dégénérés qui sont capables de déclencher des sorties similaires. Ainsi, chaque événement de la mémoire est dynamique et sensible au contexte — il déclenche la répétition d'un acte mental ou physique qui est similaire mais pas identique aux actes précédents. Il est recatégorique : il ne reproduit pas exactement une expérience originelle. Il n'est pas justifié de supposer qu'une telle mémoire est représentationnelle au sens où elle stocke un code enregistré de façon statique pour un acte. Il vaut mieux y voir une propriété d'interactions non linéaires dégénérées dans un réseau multidimensionnel de groupes neuronaux. Ces interactions permettent de faire « revivre » mais non de façon identique un ensemble d'actes et d'événements antérieurs, même si on a souvent l'illusion qu'on se souvient d'un événement exactement comme il est arrivé.

Deux analogies sont utiles pour rendre ce point plus clair. Un souvenir représentationnel serait comme une inscription codée gravée dans le roc et ramenée à la vue pour être interprétée. Un souvenir non représentationnel serait comme les altérations d'un glacier influencées par les changements de temps, interprétés comme des signaux. Dans cette analogie, le mélange et le refroidissement du glacier représentent les modifications de la réponse synaptique, les différents ruisseaux qui descendent la montagne représentent les voies neurales, et l'étang dans lequel ils se jettent, la sortie. Les mélanges et les refroidissements successifs dus aux changements de temps peuvent donner lieu à un ensemble dégénéré de voies d'eau descendant dans les ruisseaux, et certaines peuvent se rejoindre et s'associer de manière nouvelle. Parfois, un étang complètement nouveau peut se créer. Toutefois, en aucun cas il n'est probable que la même structure dynamique se répétera exactement, bien que les conséquences générales des changements survenus dans l'étang en aval — l'état de sortie — soient assez similaires. Selon cette conception, les souvenirs sont nécessairement associatifs et jamais identiques. Pour autant, sous diverses contraintes, ils peuvent être suffisamment efficaces pour déclencher la même sortie.

Le fait de reconnaître qu'un système dynamique de mémoire opère au sein du réseau sélectif qu'est le cerveau implique qu'il sera influencé par les modifications survenant dans les entrées neurales qui viennent des systèmes de valeur du cerveau. Notez bien que les mécanismes conduisant à la catégorisation perceptive — les encartages globaux, la formation de concepts et la mémoire dynamique à court terme — font tous appel à des *interactions* entre les trois principaux motifs des systèmes neuraux globaux que j'ai présentés en passant en revue la neuro-anatomie des cerveaux supérieurs au chapitre 3. Ce sont les cartes thalamocorticales, les organes sous-corticaux concernés par la succession temporelle (l'hippocampe, les ganglions de la base et le cervelet) et les vastes systèmes de valeur ascendants. Pour traduire ces interactions, j'ai qualifié le système central de la mémoire de système mémoriel de valeur-catégorie ; les contraintes des systèmes de valeur peuvent y déterminer le degré et l'étendue de ressouvenir et de sortie. Les animaux dépourvus de conscience utilisent tous ces systèmes, mais ils n'ont pas accès aux interactions essentielles conduisant à la conscience. En fait, l'un des principes centraux de la TSGN étendue (la théorie appliquée à la conscience) veut que le développement de tous ces systèmes ait été un précurseur nécessaire de l'activité consciente au cours de la conscience.

Nous pouvons désormais poser la question décisive : quel est l'événement *suffisant* de l'évolution qui a donné lieu à l'émergence de la conscience ? La thèse que je propose est la suivante : à un certain point du temps de l'évolution correspondant à la transition entre reptiles et oiseaux et reptiles et mammifères, un nouveau mode de connexion réciproque est apparu dans le système thala-mocortical. Des connexions réentrantes nombreuses se sont développées entre les aires corticales assurant la catégorisation perceptive et les aires plus frontales responsables de la mémoire valeur-catégorie fondée sur des modifications rapides de la force synaptique. La réen-

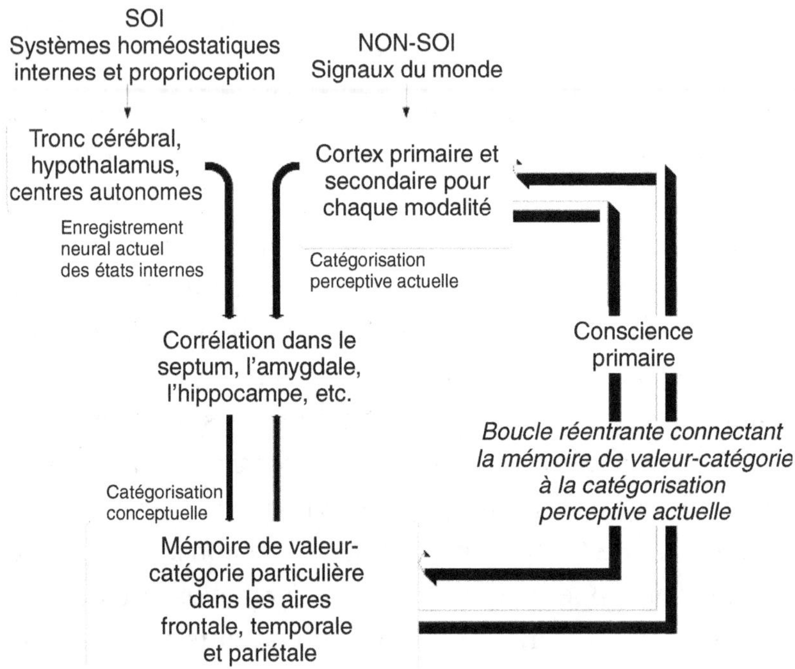

Figure 7.

Voies réentrantes donnant lieu à la conscience.

Deux principales sortes de signaux sont décisives — ceux du « soi », qui constituent les systèmes de valeur et les éléments régulateurs du cerveau et du corps ainsi que leurs composants sensoriels, et ceux du « non-soi », signaux issus du monde qui sont transformés par le biais des encartages globaux. Les signaux liés aux signaux de valeur et aux signaux catégoriques venus du monde extérieur sont corrélés et donnent la mémoire, laquelle est capable d'une catégorisation conceptuelle. Cette mémoire de « valeur-catégorie » est liée par des voies réentrantes (lignes renforcées) à la catégorisation perceptive actuelle des signaux du monde. Cette liaison réentrante représente le développement évolutif essentiel qui se traduit par la trée corticale a été médiatisée par l'émergence de plusieurs grands systèmes de connexions corticocorticales réentrantes reliant des aires éloignées du cortex. En même temps, des connexions réentrantes se sont développées avec le thalamus, tout comme le nombre de noyaux thalamiques. Les connexions réentrantes entre le thalamus et le cortex ont été renforcées, à la fois pour les noyaux thalamiques spécifiques et pour les noyaux intralaminaires décrits au chapitre 3, tandis que le noyau réticulé du thalamus a développé des circuits inhibiteurs renforcés grâce auxquels il s'est connecté aux noyaux spécifiques. Cela a permis à l'activité du noyau réticulé de filtrer ou de sélectionner diverses combinaisons d'activité de ces noyaux thalamiques spécifiques correspondant à différentes modalités sensorielles. Les noyaux intralaminaires, qui envoient des connexions denses à la plupart des aires du cortex, ont aidé à synchroniser les réponses thalamocorticales nouvelles et à réguler le niveau général d'activité de ces multiples systèmes réentrants (voir figure 7).

(suite légende)

conscience primaire. Quand elle apparaît à travers de nombreuses modalités (vue, toucher, etc.), la conscience primaire est celle d'une « scène » faite de réponses à des objets et à des événements, certains n'étant pas nécessairement connectés de façon causale les uns aux autres. Un animal doté d'une conscience primaire peut cependant effectuer des discriminations et relier ces objets et événements par la mémoire, son expérience antérieure comportant des valeurs. Cette aptitude favorise sa valeur de survie.

Dans le système thalamocortical, ces interactions réentrantes dynamiques doivent être considérées comme se succédant dans le temps — de nouvelles catégorisations perceptives sont connectées de façon réentrante aux systèmes de mémoire avant de faire elles-mêmes partie d'un système de mémoire altéré. Ce goulot d'étranglement entre mémoire et perception est censé se stabiliser au cours de périodes de temps qui vont de quelques millièmes de milliseconde à quelques secondes — c'est ce qu'on appelle le présent spécieux de William James. J'ai appelé « présent remémoré » cette période pour insister sur l'interaction dynamique entre la mémoire et la perception continue qui donne naissance à la conscience.

Quelle est la conséquence de ce développement évolutif au cours duquel la mémoire de valeur-catégorie s'est trouvée reliée de façon dynamique à la perception catégorielle ? C'est l'aptitude à construire une scène complexe et à réaliser des discriminations entre les composants de cette scène. Lorsqu'un animal bouge, ce qui engage de nombreux encartages globaux pour répondre au monde qui l'entoure, les signaux parallèles incessants qui connectent de façon réentrante différentes modalités sensorielles créent des corrélations entre les complexes de catégories stimulées par les objets et les événements. L'aptitude à créer une scène grâce à ces corrélations réentrantes entre la mémoire de valeur-caté-gorie — qui reflète les catégorisations antérieures — et des catégories perceptives similaires ou différentes est la base de l'émergence de la conscience primaire.

Certaines des catégorisations antérieures sont liées aux signaux issus du corps et du cerveau de l'animal lui-même. Ceux-ci proviennent des systèmes autonomes et homéostatiques qui régulent les organes vitaux et les interactions des fonctions physiologiques comme la respiration, l'alimentation et les modifications hormonales. On les appelle « autonomes » parce qu'ils ne dépendent pas du contrôle conscient et ils sont homéostatiques parce qu'ils compensent les modifications pour créer un équilibre. D'autres signaux corporels proviennent des muscles, des articulations et des systèmes liés à l'équilibre — ce qu'on appelle les systèmes kinesthésiques et proprioceptifs. Tous ces systèmes continuent à opérer au cours de la vie de l'animal, fournissant ainsi à l'individu un ensemble essentiel de signaux et de catégories perceptives de référence. Les signaux issus des systèmes du « soi » apparaissent même avant la naissance et ensuite forment toujours un aspect central de la conscience primaire. Le caractère remarquable des divers éléments contribuant à la scène consciente est régi par les souvenirs conditionnés par l'histoire des récompenses et des punitions qui a marqué le comportement passé de l'animal. Cette histoire joue donc un rôle clé dans les réponses émotionnelles et les sentiments qui leur sont associés.

L'aptitude à construire une scène consciente en une fraction de seconde est l'aptitude à construire un présent remémoré. La connexion causale ou physique entre plusieurs signaux entrants n'est pas nécessairement décisive pour la réponse de l'animal à cette construction.

Par exemple, comme je l'ai déjà mentionné, un animal qui, dans la jungle, ressent un changement affectant les sons autour de lui tandis que la lumière baisse peut fuir, même s'il n'existe pas de corrélation causale entre ces deux entrées. Il suffit que la combinaison de ces deux entrées simultanées dans son histoire passée, dépendante des valeurs, se soit accompagnée par exemple de la présence d'un tigre. Un animal qui ne serait pas doté d'une conscience primaire pourrait survivre un certain temps dans cette niche, mais il ne pourrait effectuer les mêmes discriminations fondées sur des souvenirs de valeur-catégorie changeant vite. Cet animal aurait donc moins de chances de survivre. Au contraire, un animal capable de construire une scène consciente peut avoir une plus grande capacité de discrimination et plus de choix pour sélectionner ses réponses à des environnements complexes et nouveaux. L'efficacité de ses systèmes conscients ainsi que leur contribution possible pour accroître l'adaptation reposent sur leur capacité de discrimination de plus en plus importante.

Le résumé donné ici renvoie à l'émergence des mécanismes de la conscience primaire. Ils sont cohérents avec l'observation, selon laquelle la conscience est un processus actif. Comme je le montrerai plus loin, l'évolution ultérieure d'autres circuits réentrants permettant l'acquisition de la capacité sémantique et finalement du langage a donné naissance à la conscience de niveau supérieur chez certains primates supérieurs, dont nos ancêtres hominidés (et peut-être un grand nombre d'autres espèces de singes). La conscience de niveau supérieur apporte l'aptitude à imaginer le futur, à se rappeler explicitement le passé et à être conscient d'être conscient. Je n'entrerai pas dans les détails, mais il est nécessaire de recourir de temps en temps à l'exemple de la conscience d'ordre supérieur pour discuter certains points importants afin de comprendre la conscience primaire. C'est le cas puisque la présence d'une conscience d'ordre supérieur permet de rapporter directement des données à un expérimentateur. Il peut alors étudier les états conscients et leurs corrélats neuraux dans de meilleures conditions. En l'absence de langage, les animaux autres que les humains ne peuvent faire part de leurs états conscients. Pour autant, on a de nombreuses raisons de croire que, d'après leur comportement, les structures homologues et les fonctionnements similaires de leur système nerveux, d'autres animaux font l'expérience d'une conscience primaire. L'ordre que doivent suivre la recherche et la discussion doit donc, dans une certaine mesure, aller des humains « vers le bas ». Il ne faut toutefois jamais oublier que la conscience primaire est l'état fondamental : sans elle, pas de conscience d'ordre supérieur.

Chapitre 6

Plus vaste que le ciel

QUALIA, UNITÉ ET COMPLEXITÉ

Lorsque j'ai été amené à souligner l'importance du rôle que jouent les propriétés neuroanatomiques et dynamiques du cerveau dans les mécanismes de la conscience, j'ai pu donner l'impression de laisser de côté certains aspects fondamentaux liés à l'expérience consciente. Comment par exemple notre modèle neural s'accorde-t-il avec les propriétés vécues d'un sujet conscient ? Je crois que cette question deviendra plus claire si on insiste d'abord sur les mécanismes neuraux, avant d'opérer des allers et retours entre les aspects phénoménaux et ces mécanismes afin de montrer qu'ils sont cohérents.

L'expérience consciente est normalement tout d'une pièce ; elle est unitaire. C'est l'un de ses caractères phéno-ménologiques extraordinaires. Tout moment d'expé-rience consciente inclut simultanément des entrées sensorielles, des retombées de l'activité motrice, des images, des émotions, des souvenirs fugitifs, des sensations corporelles et une frange périphérique. Dans toutes les circonstances ordinaires, elle n'est jamais seulement l'expérience de « ce stylo avec lequel j'écris », et je ne peux la réduire à cela. Et pourtant, en même temps, une scène unitaire s'écoule et se transforme pour devenir une autre scène complexe, elle aussi unitaire. Elle peut évoluer en rêverie diffuse ou bien en attention polarisée par choix ou sous l'effet d'un stress.

Pour décrire ce phénomène, on peut dire qu'alors que l'expérience consciente est fortement intégrée, elle est en même temps fortement différenciée. Sur de courtes périodes de temps, elle peut passer par une multitude d'états intérieurs. Ce changement et cette capacité à changer, à l'infini en apparence, ne peuvent pourtant à n'importe quel moment être divisés en parties isolées par la personne qui fait l'expérience de ces états subjectifs. Cela ne veut pas non plus dire que la conscience ne peut être modulée par l'attention polarisée. Nous discuterons de ce rétrécissement polarisé de la scène consciente plus loin quand nous envisagerons la relation qui unit les activités conscientes et non conscientes.

L'expérience subjective de riches états intérieurs conscients contraste avec l'incapacité d'un sujet conscient à mener à bien simultanément plus de trois actes conscients — par exemple, taper un texte, réciter un poème et répondre à un questionnaire, le tout en même temps. Cette incapacité à exécuter simultanément de multiples tâches a incité certains à considérer que la conscience serait d'une utilité très limitée. En réalité, il est probable que cette limitation apparente tient à la nécessité pour l'évolution que les actions et les plans moteurs ne soient pas interrompus avant d'être achevés. Surtout, l'idée que pouvoir « débiter » des actes conscients simultanés au mieux en deux ou trois unités seulement révèle une limite dans l'efficacité de l'état conscient ne tient pas compte de la relation qui existe entre cet état et les actes instrumentaux à venir. Comme nous le verrons, une des principales fonctions de la conscience et de ses mécanismes neuraux sous-jacents consiste à planifier et à répéter, et, pour ce faire, c'est justement la complexité très variée des états intérieurs successifs qui est requise. Pour planifier, il nous faut répéter des distinctions qui font une différence au bénéfice de l'individu, c'est-à-dire du point de vue à la première personne d'un sujet. Mener des actes moteurs ou d'autres actions requiert souvent une répétition consciente, mais, après un apprentissage, ces actes sont exécutés de façon plus efficace par le sujet sans supervision consciente directe, sauf lorsque apparaissent des circonstances nouvelles. Il n'est donc pas étonnant que l'effort pour exécuter plus de deux de ces actes qui exigent d'être achevés risque d'être interrompu par une intervention consciente.

Qu'en est-il de l'expérience phénoménale elle-même ? Qu'est-ce qui apparaît au sujet conscient ? Que ressent-il ? Le terme quale a été appliqué à l'expérience de ce ressenti — par exemple du vert, de la chaleur ou de la douleur. Les philosophes ont estimé que comprendre les qualia était crucial pour les recherches sur la conscience. Ce qui pose problème pour eux, ce serait l'opposition apparente de nature entre l'activité neurale et la structure et le « sentiment » des qualia. J'aborderai ce point ou, en termes simples, la question de savoir ce que c'est que d'être un individu conscient appartenant à une certaine espèce — ou, comme dit le philosophe Thomas Nagel : « Qu'est-ce qu'être une chauve-souris ? »

Avant d'en venir là, il nous faut traiter plusieurs questions subsidiaires. La première est liée à l'idée que l'activité neurale, mesurée et comprise par un observateur scientifique, n'a aucune des propriétés que nous assignons aux qualia. Rappelons-nous que l'expérience consciente des qualia est un processus. Il n'est pas nécessaire que l'origine structurelle dynamique des propriétés, et même des propriétés conscientes, ressemble aux propriétés auxquelles elle donne lieu : une explosion ne ressemble pas à un explosif. Le deuxième point concerne la subjectivité et la perspective à la première personne. La conscience est un processus qui est attaché à un corps et à un cerveau individuels, ainsi qu'à leur histoire. Du point de vue de l'observation, l'expérience à la première personne n'est pas écrite sur un mode transférable qui puisse être entièrement traité par un observateur scientifique à la troisième personne. On peut cependant poser que les expériences à la première personne que fait un individu appartenant à une certaine espèce ont des points communs. C'est un point de départ raisonnable. Il n'est donc pas surprenant que, tandis que je peux ne serait-ce que conjecturer en tant qu'être humain ce que c'est que d'être un autre être humain, il n'est pas possible d'avoir la moindre certitude lorsque j'imagine ce que c'est que d'être une chauve-souris.

Je me lancerai plus loin dans l'exercice consistant à voir comment notre modèle de la conscience primaire peut donner lieu au sentiment d'une scène, même chez une chauve-souris. Cependant, il est utile tout d'abord de souligner que nous disposons déjà amplement de preuves neuroscientifiques montrant pourquoi différentes qualia sont associées à différents sentiments. Les structures et la dynamique neurales sous-jacentes à la vision sont distinctes de celles de l'odorat, celles du toucher diffèrent de celles de l'ouïe, et ainsi de suite. Nulle description scientifique de ces voies et de leur activité ne peut donner naissance à une quale spécifique dans l'esprit du lecteur. Toutefois, si on suppose qu'il a un système nerveux convenablement équipé, il peut faire le lien entre une telle description et une expérience à la première personne. Quelle que soit la structure qui sous-tend une quale, elle peut se distinguer d'autres. On pourrait dire que, s'il n'en allait pas comme ci, il en irait comme ça. Le fait qu'il faille un corps particulier et un cerveau particulier dans un environnement particulier ne gêne guère l'analyse générale de l'origine de qualia différentes.

Selon la TSGN étendue, les qualia sont des discriminations d'ordre supérieur dans un domaine complexe. L'expérience d'une scène consciente, vécue comme unitaire, suggère l'idée que toutes les expériences conscientes sont des qualia. Selon cette conception, la séparation des qualia entre sentiments singuliers et étroits comme le rouge, le chaud, etc., quoiqu'elle soit pensable et puisse se décrire de façon verbale, ne constitue pas une reconnaissance pleine et entière des discriminations qui sont impliquées. Par exemple, en tant que scientifiques, nous pouvons décrire les expériences de la couleur en termes d'une variété de propriétés comme les caractéristiques spectrales des trois pigments rétinaux et les réponses neurales d'un système visuel donné. Mais comment savoir que les qualia de couleur sont en réalité ce qu'elles sont, sauf dans l'espace dimensionnel supérieur qui encarte aussi les diverses autres qualia, permettant ainsi ces distinctions mutuelles ? C'est en fait l'aptitude à discriminer des différences raffinées de chaud et de froid, par exemple, en présence d'une myriade d'autres qualités comme la couleur dans une scène unitaire qui distingue une discrimination consciente de la distinction chaud/froid effectuée, par exemple, par un thermostat. Être conscient, c'est être capable de prendre ce type de décisions, fondées sur des discriminations ou des distinctions multidimensionnelles.

La richesse de ces états de conscience qui peuvent être différenciés et la nature unitaire de chacun d'entre eux ne semblent pas compatibles au premier abord. Pour montrer qu'elles le sont, il suffira de rendre compte de façon satisfaisante de la façon dont l'organisation du système nerveux peut donner naissance à ces propriétés.

Ce sont précisément celles qu'on trouve dans les systèmes complexes. Je commencerai donc par présenter une brève description de certaines des propriétés des systèmes complexes. Un système complexe est un système qui consiste en diverses petites parties, chacune pouvant être isolée d'un point de vue fonctionnel. Comme ces parties hétérogènes interagissent selon des combinaisons variées, on note une tendance à donner naissance à des propriétés de système qui sont davantage intégrées. Mes collaborateurs et moi-même avons décrit de tels systèmes d'un point de vue formel. Je donnerai ici un compte rendu qualitatif qui, je l'espère, servira notre propos. Les termes et les *mesures* mathématiques dont on se sert pour caractériser un système complexe sont empruntés à la théorie statistique de l'information, mais notre analyse n'admet pas les *présupposés* de cette théorie. Ces termes sont : « indépendance », « entropie », « information mutuelle » et « intégration ». Je donnerai quelques exemples de leur utilisation qui, je le crois, rendront plus claire leur signification sans entrer dans les détails mathématiques. Mon objectif est de montrer comment un système complexe peut à la fois intégrer ses parties et prendre beaucoup d'états différenciés qui combinent les propriétés de ces parties.

Commençons par présenter deux exemples extrêmes de systèmes qui ne sont pas complexes (voir figure 8). Un gaz idéal, dont les particules se heurtent au hasard au cours de collisions élastiques, ne constitue pas un système complexe. Chaque particule est indépendante (elle n'est

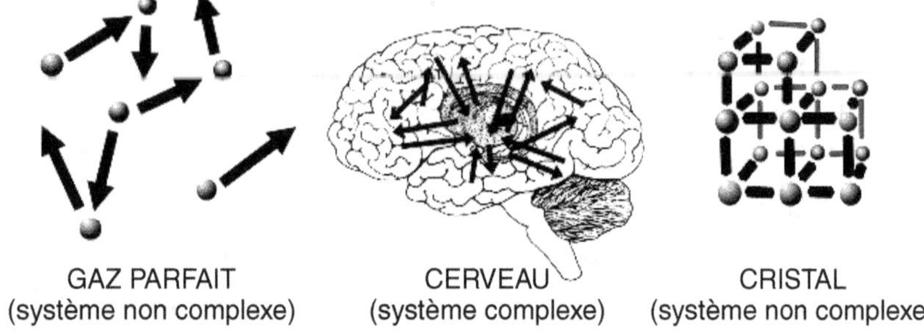

Figure 8.
Contraste entre le cerveau et deux systèmes hypothétiques — un gaz idéal et un cristal parfait —, moins complexes.
En tant que système complexe, le cerveau comporte de petites parties assez indépendantes qui sont hétérogènes. Connectées par divers moyens neuroanatomiques, elles tendent à s'intégrer à travers un grand nombre d'états engendrés par les connexions fonctionnelles au sein de l'anatomie.

pas collée aux autres), et il n'y a ni perte ni gain d'information (« information mutuelle ») échangée au cours d'une de ces collisions. À l'autre extrême, un cristal parfait n'est pas complexe non plus. Dans le cas de cette régularité parfaite, il y a un haut degré d'intégration d'information mutuelle entre les unités. Cependant, une fois qu'on connaît ce qu'on appelle le groupe d'espace et le contenu de l'une des cellules unitaires dont le cristal est composé, on n'obtient aucune information nouvelle en passant à n'importe laquelle des autres cellules unitaires.

Prenons maintenant un système complexe. Comment est-il à la fois intégré et différencié en même temps ? On peut exprimer l'intégration d'un système dans les termes de ce qu'on appelle son entropie informationnelle. C'est la quantité d'information qu'il faudrait pour distinguer ce système de tous les systèmes semblables possibles qui seraient faits des mêmes composants, en prenant en compte leurs probabilités relatives d'apparition. L'intégration est la somme de l'entropie de chacune des parties d'un système moins celle du système dans son ensemble. Dans le cas d'un gaz idéal, cette différence est nulle — rassembler des morceaux distincts du gaz pour en avoir un plus gros volume n'ajoute aucune information nouvelle. Mais, lorsque les parties d'un système interagissent et échangent des informations mutuelles (comme dans un cristal), l'entropie du système est inférieure à la somme de l'entropie de ses parties, et l'intégration prend une valeur positive. Dans un cristal parfait, cette valeur est aussi élevée que possible.

Nous sommes désormais en position de dire de manière plus précise ce qui caractérise un système complexe et d'appliquer cette caractérisation au système nerveux. Au contraire de ce qui se passe dans un système complètement intégré comme un cristal parfait, lorsqu'on considère les parties de plus en plus petites d'un système complexe, elles s'écartent de la dépendance linéaire en termes d'intégration et manifestent plus d'indépendance. Dans l'autre direction, elles touchent presque la limite que représente un système totalement intégré. C'est précisément la propriété qu'on voit dans les réseaux interactifs du cerveau. Ceux-ci manifestent une ségrégation fonctionnelle (aire corticale V1 pour l'orientation, V4 pour la couleur, V5 pour le mouvement de l'objet, etc.), mais, grâce à des liaisons par réentrée, ils deviennent intégrés, c'est-à-dire qu'ils témoignent de davantage de propriétés unitaires quand ils sont liés ensemble.

Nous pouvons maintenant appliquer ces idées au système thalamocortical afin de découvrir les bases neurales mécaniques des propriétés unitaires mais différenciées qui caractérisent une scène consciente ou espace de quale. Auparavant toutefois, deux aspects doivent être examinés en plus de ce que j'ai déjà dit. Le premier est le fait que le système thalamocortical est dynamique. Par suite du nombre énorme de connexions neuronales qu'il comporte, des interactions réentrantes de ses neurones excitateurs et inhibiteurs ainsi que des effets de filtre des noyaux réticulés et des systèmes de valeur sous-corticaux, les connexions fonctionnelles du système thalamocortical connaissent des changements rapides en quelques fractions de seconde. Le second point concerne le nombre assez grand d'interactions internes qui existent dans ce système, comparé au nombre des interactions qu'il entretient avec les systèmes sous-corticaux comme les ganglions de la base, lesquels médiatisent les activités non conscientes du cerveau. Il semble que le système thalamo-cortical réentrant et dynamique se parle surtout à lui-même. Cela définit ce que nous avons appelé un faisceau fonctionnel : la plupart de ses transactions neurales ont lieu au sein du thalamus et du cortex eux-mêmes, et seules des transactions assez peu nombreuses se produisent avec d'autres parties du cerveau. Comme nous le verrons plus loin, c'est là une propriété importante qui sert à distinguer les activités neuronales au service de la conscience de celles qui ne le sont pas.

Ce faisceau fonctionnel, doté de myriades d'interactions réentrantes dynamiques, surtout mais pas seulement dans le système thalamocortical, nous l'avons appelé noyau dynamique (voir figure 9). Le noyau dynamique, qui utilise milliseconde par milliseconde un extraordinaire complexe de circuits neuraux, relève précisément du type d'organisation neurale complexe qui est nécessaire pour les propriétés unitaires et pourtant différenciées du processus conscient. Il possède une structure réentrante capable d'intégrer ou de relier l'activité des divers noyaux thalamiques et les régions corticales isolées d'un point de vue fonctionnel qui produisent une scène unifiée. Grâce à ces interactions, le noyau dynamique relie la mémoire valeur-catégorie à l'organisation perceptive. En outre, il sert à connecter les cartes mémorielles et conceptuelles les unes aux autres. Les changements d'état qui surviennent dans le noyau dynamique en réponse aux signaux issus de l'intérieur et de l'extérieur engagent à court terme de nouveaux ensembles de circuits dynamiques isolés d'un point de vue fonctionnel, propriété qui rend compte de la différenciation des scènes successives constituant l'état conscient. Surtout, du fait de la dégénérescence et des propriétés associatives des circuits et des groupes neuronaux qui le composent, l'activité du noyau permet aux animaux conscients des discriminations d'ordre supé-

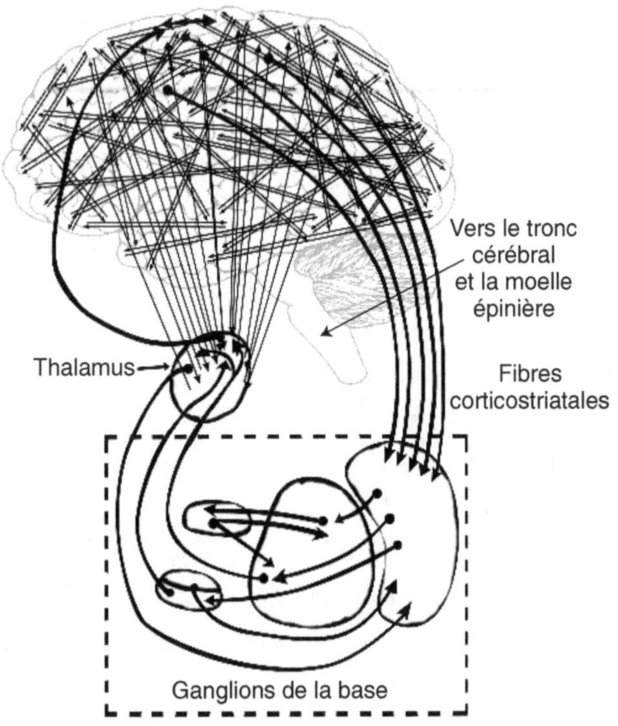

Figure 9.
Le noyau dynamique.
Le système thalamocortical, qui donne naissance au noyau dynamique, est représenté par un fin maillage d'aires corticales et thalamiques et par des connexions réentrantes. Le noyau est un faisceau fonctionnel qui se parle surtout à lui-même. Les réponses déclenchées par le noyau dynamique réentrant peuvent stimuler des réponses non conscientes. Elles voyagent le long de voies parallèles, polysynaptiques et unidirectionnelles qui quittent le cortex, atteignent les divers composants des ganglions de la base et certains noyaux thalamiques, pour finalement retourner au cortex. De cette manière, les réponses au service de la conscience peuvent se

rieur. Elles ont lieu parce que le noyau dynamique est un système complexe qui peut maintenir isolées, d'un point de vue fonctionnel, des parties tout en intégrant leur activité selon une combinatoire très riche. Chaque ensemble éphémère de circuits dégénérés composant le noyau peut sous-tendre une scène, qui sera remplacée par une autre après très peu de temps, donnant ainsi lieu à une scène modifiée. Bien sûr, cette vision globale s'accorde avec la TSGN et avec l'idée de cerveau comme système sélectif, marqué à la fois par la constance et la variation.

Chez un individu développé, la gamme des intégrations dans tout l'espace des qualia peut s'élargir sous l'effet de l'expérience ou se réduire de façon dynamique sous celui de l'attention. Ces deux processus sont importants pour la planification consciente. Pensez par exemple aux changements subtils qui se produisent chez un amateur de vin suite aux discussions de plus en plus nombreuses qu'il a eues au cours de multiples dégustations de diverses catégories de vin. Mais comment de telles discriminations différentielles peuvent-elles être effectuées par cette personne-là, ce soir-là ? Le fonctionnement du noyau

(suite légende)

connecter aux structures d'activité des aires non conscientes, servies surtout mais pas exclusivement par les ganglions de la base. Des aires du cortex qui ne se trouvent pas dans le noyau à un instant particulier peuvent aussi interagir avec ces structures d'activité. Ensuite, cependant, ces aires peuvent participer au noyau.

dynamique réentrant explique-t-il le fait que la scène consciente appartient à un soi subjectif ?

Nous y reviendrons longuement lorsque nous traiterons de la conscience d'ordre supérieur. Je me contenterai ici de donner un bref aperçu des changements qui ont des chances de survenir pendant le développement et l'expérience précoce. Les premières discriminations conscientes doivent concerner les catégorisations perceptives liées au corps lui-même. Elles passent par des signaux issus des structures du tronc cérébral et des divers systèmes de valeur qui dressent la carte de l'état du corps (voir figure 7). Comme je l'ai mentionné plus haut, les signaux venus de ces systèmes rapportent ce qu'il en est de la relation du corps avec l'environnement à la fois intérieur et extérieur. Ils comprennent des composantes qu'on appelle proprioceptives, kinesthésiques ou somato-sensorielles et autonomes. Ces composantes, qui signalent respectivement la position du corps, l'action des muscles et des articulations et la régulation de l'environnement interne, affectent presque tout notre être. Elles régulent les fonctions corporelles dont, en tant qu'individus à maturation, nous ne sommes que faiblement conscients. Comme les systèmes de valeur qui signalent divers événements internes et externes marquants, ces composantes sont au centre de l'expérience consciente. La conscience de soi précoce, qui est fondée sur le corps (et même renforcée par les mouvements précoces du fœtus), doit fournir les repères initiaux de notre espace de qualia, à partir desquels tous les souvenirs ultérieurs, fondés sur les signaux issus du monde (le « non-soi »), sont élaborés. Ainsi, même avant qu'apparaisse la conscience d'ordre supérieur, un espace de référence neural, fondé sur le corps, ou une scène centrée sur le corps se forme. Un animal ou un nouveau-né fait l'expérience d'une scène en référence à un soi, mais il n'a pas de soi que l'on puisse nommer et qui puisse être différencié de l'intérieur. Un tel soi qu'on puisse nommer apparaît chez les humains lorsque la conscience d'ordre supérieur se développe pendant l'élaboration des aptitudes sémantiques et linguistiques, et des interactions sociales. Les qualia peuvent alors être nommées et explicitement distinguées. Mais, même avant, les qualia peuvent déjà être discernées et référées avec certitude à la catégorisation permanente du soi par la conscience primaire. Dans le système complexe sous-jacent à la conscience, il existe déjà quantité de qualia qui consistent dans tous les états conscients pouvant être discriminés. Le noyau dynamique, dont l'activité est enrichie par l'apprentissage, continue au cours de la vie à être influencé par de nouveaux processus de catégorisation liés à ce qu'on pourrait appeler le soi corporel. Il est important de comprendre, toutefois, que le faisceau fonctionnel comprenant ce noyau *ne doit pas* être identifié, à un moment quelconque, à *tout* le cortex ou *tout* le thalamus, dont les parties sont en interaction continuelle avec les régions non conscientes du cerveau.

Reste la question de savoir comment le soi est effectivement conscient d'une scène permanente. Nous devons traiter la différence entre l'expérience à la première personne et la description à la troisième personne du substrat neural qui sous-tend l'expérience. Peut-être sera-t-il utile d'imaginer un démon ou un observateur homonculoïde dont la tâche serait de traiter ce qu'il en est d'avoir cette expérience en interprétant les états métastables du noyau. Imaginez que cet observateur se trouve dans le cerveau et soit capable d'interpréter mathématiquement et d'assister à la myriade de fonctionnements neuraux de la mémoire valeur-catégorie dans le noyau dynamique d'un individu conscient appartenant à une espèce animale donnée. Un tel système de mémoire est déjà fondé sur les catégories spécifiques à l'espèce qui sont liées à l'expérience perceptive passée. Imaginez maintenant aussi que ces catégories du soi soient au-devant de la scène, même si elles sont mélangées avec les catégories perceptives liées au non-soi. Comme l'activité permanente du noyau dynamique réentrant donne lieu à la création d'une nouvelle scène, notre homonculoïde peut assister à l'activité neurale responsable de la création de cette scène et remarquer aussi que le « soi », construit dynamiquement et continuellement à partir des indices corporels, peut aussi être relié à cette scène. Cependant, même si tout cela est en son pouvoir, cet homonculoïde imaginaire ne peut percevoir ni contrôler les discriminations de niveau supérieur qui sous-tendent les activités conscientes de l'individu en question. Ce démon ne peut non plus expérimenter les qualia qui accompagnent ces activités.

Cette construction assez bizarre suggère que, même muni de pouvoirs d'analyse, cet homonculoïde ne pourrait jamais savoir ce que c'est que d'être un humain conscient. Nous l'avons inséré dans le cerveau et nous lui avons attribué la capacité de lire le noyau pour tenter de comprendre la nature privilégiée de l'expérience consciente. Toutefois, les observations de l'extérieur et même de l'intérieur faites par un démon qui n'a pas de corps animal ne peuvent pleinement saisir le contenu de cette intimité. Mais le fait d'observer comment la mémoire catégorique se référant au soi peut traiter de nouvelles catégories pour forger une scène peut être utile pour nous permettre d'imaginer comment franchir le gouffre entre conscience subjective et action neurale. Bien sûr, il n'existe pas d'homonculoïde. Simplement, le fait d'imaginer une telle construction nous force à traiter un problème central. Il concerne l'efficacité causale de la conscience, à laquelle nous en venons maintenant.

Chapitre 7

Conscience et causalité :

LA TRANSFORMATION PHÉNOMÉNALE

Nous en arrivons maintenant au nœud de notre théorie de la conscience. À ce stade, nous devons aborder deux questions qui ont été posées plus haut et qui ont toutes deux trait à la causalité. Voici la première : comment le processus conscient est-il causé par des processus neùraux ? En un sens, nous avons déjà répondu à la question, mais il nous faut reformuler cette réponse pour aborder la seconde question : la conscience est-elle causale ?

Tout ce qui précède suggère que les processus conscients résultent du nombre fantastique d'interactions réentrantes qui interviennent entre les systèmes de mémoire de valeur-catégorie surtout présents dans les zones les plus antérieures du système thalamocortical et les systèmes plus postérieurs assurant la catégorisation perceptive. C'est par le biais des états du noyau dynamique qui subissent des changements complexes que ces interactions confèrent un caractère unitaire aux états conscients et qu'elles les rendent changeants et divers à travers le temps. Puisque les interactions précoces impliquent des entrées corporelles venues des centres du cerveau concernés par les systèmes de valeur, les aires motrices et les régions impliquées dans les réponses émotionnelles, les processus du noyau sont toujours centrés sur un soi qui sert de référence pour la mémoire. Dans la conscience primaire, ce soi existe dans un présent remémoré qui reflète l'intégration d'une scène autour d'un petit intervalle de temps présent. Un animal doté de cette conscience primaire a une mémoire à long terme des événements passés, mais il n'est pas capable de traiter explicitement le concept de passé ou celui de futur. Pour autant, il peut mener à bien un grand nombre de discriminations conscientes, dont il fait l'expérience sous la forme de qualia. Ce n'est qu'avec l'évolution de la conscience d'ordre supérieur, fondée sur les aptitudes sémantiques, qu'apparaissent les concepts explicites du soi, du passé et du futur.

Cela implique que l'activité neurale fondamentale du noyau dynamique réentrant convertit les signaux issus du monde et du cerveau en « transformation phénoménale » — en ce qu'il en est d'être un animal conscient, d'avoir ses qualia. L'existence d'une telle transformation (à savoir notre expérience des qualia) reflète l'aptitude à effectuer des distinctions d'ordre supérieur qui seraient impossibles sans l'activité neurale du noyau. Notre thèse stipule que la transformation phénoménale est occasionnée par cette activité neurale. Elle n'est pas causée par cette activité ; c'est plutôt une propriété simultanée de cette activité.

Voilà qui nous amène à la seconde question. La transformation phénoménale est-elle causale ? Cette question est cruciale, non seulement quant à la façon dont les actes conscients ont lieu, mais aussi pour savoir si la conscience est apparue au cours de l'évolution parce qu'elle représente un processus efficace ou adaptatif. Pour traiter directement ce point, appelons C la transformation phénoménale et ses processus. Appelons C' les processus sous-jacents du noyau conscient. C et C' peuvent s'indicer (C'_0, C_0 ; C'_1, C_1 ; C'_2, C_2 ; C'_3, C_3, etc.) afin d'indiquer leurs états successifs au cours du temps, mais, pour l'instant, considérons-les indépendamment de la question temporelle. Nous avons souligné que C est un processus, et non une chose, qu'il reflète des discriminations d'ordre supérieur et qu'il n'a pas lieu en l'absence de C'. Vu les lois de la physique, C lui-même ne peut être causal ; il reflète une relation et ne peut exercer de force physique. Il est cependant déclenché par C', et le détail de l'activité discriminante de C' *est* causal : lorsque C accompagne C', c'est C' qui est cause d'autres événements neuraux et de certaines actions corporelles. Le monde est causalement fermé — il n'existe pas d'apparitions ou d'esprits — et il peut seulement répondre aux événements neuraux qui constituent C' (voir figure 10).

La conscience C, en tant que propriété de C', est un reflet de la capacité à effectuer des discriminations dans

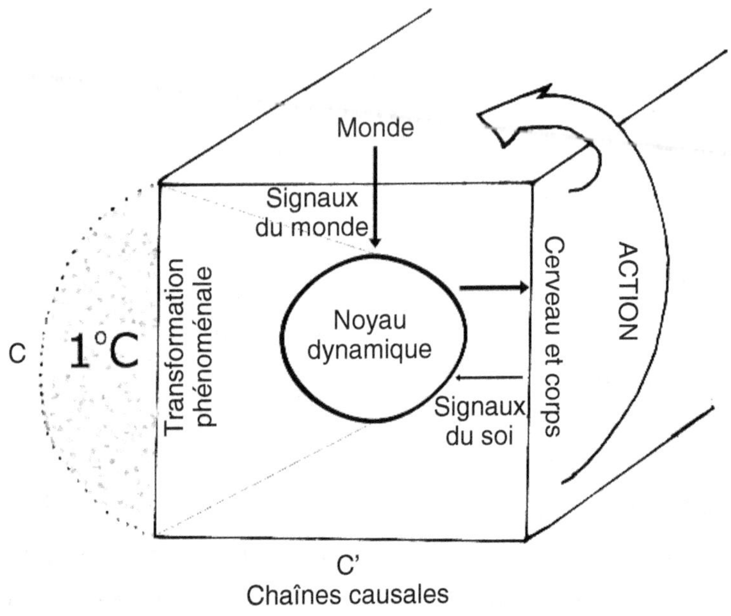

Figure 10.
Chaînes causales dans le monde, le corps et le cerveau affectant le noyau dynamique réentrant.
L'activité du noyau (C') affecte en retour d'autres événements et actions neuraux. Les processus du noyau confèrent l'aptitude à effectuer des distinctions d'ordre supérieur. La transformation phénoménale ainsi occasionnée (C) consiste dans ces distinctions.

un espace de qualia multidimensionnel. Cette transformation phénoménale, qui reflète les événements survenant dans cet espace, constitue un indicateur fiable des événements causals C' sous-jacents. En conséquence, l'évolution a sélectionné C' (qui repose sur les activités neurales du noyau dynamique) pour l'efficacité que cette activité confère à la planification. En même temps, toutefois, cette activité C' déclenche des états C correspondants. Il n'y a pas d'autre façon pour un animal individuel de faire directement l'expérience des effets de C'. La transformation phénoménale donne lieu à une scène intégrée qui reflète les discriminations rendues possibles par l'activité C' ; elle fournit ainsi à l'individu un indicateur cohérent et fiable des états causals qui sous-tendent sa conscience.

Le déclenchement de C par C' fournit aussi un puissant moyen de communication des états C' aux autres individus. Même cette communication passe par le véhicule causal de C'. La relation de déclenchement entre C et C' implique que l'argument du zombie imaginé par les philosophes est impossible logiquement. Il stipule qu'un zombie (individu ayant C' mais sans transformation phénoménale C) pourrait effectuer des opérations identiques à celles d'un individu doté de C. Par exemple, sans sentiments, qualia, émotions ni scène, un zombie critique d'art pourrait, d'après cet argument, prononcer sur la supériorité de tel ou tel tableau des jugements identiques à ceux d'un critique d'art humain émettant les mêmes jugements en ayant l'expérience de C. Le raisonnement que nous formons ici implique au contraire que, si C' ne déclenchait pas C, il *ne pourrait pas* avoir des effets identiques. Le zombie ne saurait pas ce que c'est que d'être un humain conscient et il ne pourrait effectuer les discriminations nécessaires à la manière d'un humain. Surtout, n'étant pas conscient, il ne pourrait être conscient d'être conscient. Être doté de C' par suite des activités du noyau, c'est être doté de C en tant que propriété fiable.

Comment la relation C-C' a-t-elle pu évoluer ? J'ai déjà examiné le développement nécessaire des connexions réentrantes entre les régions du cerveau assurant la catégorisation perceptive et la mémoire de valeur-catégorie. Je voudrais me livrer ici à une courte spéculation sur l'origine de la relation de déclenchement entre C' et C. Il est raisonnable de supposer que le développement de l'aptitude à effectuer des distinctions raffinées, grâce au noyau dynamique, constitue un avantage sélectif. Il se peut que le noyau ait évolué même au sein d'espèces dépourvues d'aptitudes communicatives développées. Cependant, il me semble préférable d'estimer que, au sein des espèces animales chez lesquelles la richesse de communication des états émotionnels accroît l'adaptation, il a été avantageux de connecter l'aptitude (C') à effectuer des distinctions raffinées avec la communication de ces distinctions. Les animaux ayant ainsi évolué ont pu communiquer les états C' efficaces en termes de C. Après tout, C est la seule information disponible qui reflète les états de C' pour chaque animal et pour les autres. Puisque les états de C reflètent les états de C' de façon fiable, le fait que le monde soit causalement fermé et que seul C' soit causal ne contredit pas le rôle que joue C en tant que véhicule de communication.

Certains philosophes de l'esprit, notamment Jaegwon Kim, ont bien noté le fait que le monde est causalement fermé. Suivant en cela un autre philosophe, Donald

Davidson, Kim a suggéré qu'un état de C, en tant qu'état psychologique, serait « surajouté » ou dépendant d'un état physique (C', dans notre terminologie), lequel est causal. Il a décrit toutes les relations causales impliquant des événements psychologiques, pris comme relations causales épiphénoménales. Il me semble que C' est considéré ici de façon causale puisque « épiphénoménal » signifie sans pouvoir causal. Alors que ces idées s'accordent en gros avec mon analyse, je ne qualifierais pas un événement mental de directement causal car c'est une relation, et cela ne peut exercer de force physique. Mais l'activité neurale dans C' si, par exemple en activant les muscles. En décrivant comment C dépend de C' selon un modèle neural spécifique, nous pouvons aller plus loin que la simple formulation abstraite de la dépendance de C vis-à-vis de C'.

En général, je suis d'accord avec la conception qu'avait William James de la conscience, et je m'en suis même inspiré. Je m'écarte cependant de lui quant à la façon d'interpréter la relation entre conscience et causalité. Dans *The Principles of Psychology*, James cite T. H. Huxley, le chien de garde de Darwin :

« La conscience des bêtes semble liée au mécanisme de leur corps simplement comme corrélat de son fonctionnement et elle paraît aussi complètement impuissante à modifier ce fonctionnement que le sifflet à vapeur accompagnant la marche d'une locomotive l'est d'influencer la machine. Leur volition, à supposer qu'elles en aient une, est un *index* émotionnel de changements physiques, et non une *cause* de ces changements [...], le raisonnement qui s'applique aux bêtes brutes vaut tout aussi bien pour les hommes ; par conséquent, tous les états de conscience en elles comme en eux sont immédiatement causés par les changements moléculaires de la substance cérébrale. Il me semble que, chez les hommes comme chez les bêtes, rien ne prouve qu'un état de conscience est la cause d'un changement dans le mouvement que connaît la matière de l'organisme. Si cette position est étayée, il s'ensuit que nos conditions mentales sont simplement les symboles dans la conscience des changements qui ont lieu automatiquement dans les organismes et que, pour prendre un exemple extrême, le sentiment que nous appelons volonté n'est pas la cause d'un acte volontaire, mais le symbole de l'état du cerveau qui est la cause immédiate de cet acte. Nous sommes des automates conscients. »

James ne partage pas cette conception, qu'il appelle « théorie de l'automate ». Il en saisit cependant le sens et ajoute même sa propre métaphore : « Et ainsi la mélodie s'écoule de la corde de la harpe, mais elle n'en empêche ni n'en accélère la vibration ; ainsi l'ombre marche à côté du piéton, mais n'influence nullement ses pas. » Puis il développe un contre-argument, soulignant que les traits particuliers de la distribution de la conscience indiquent bien qu'elle est efficace. Son raisonnement repose sur trois piliers. Premièrement, il soutient que la conscience est un service évolutif. Ensuite, il soutient que le cortex cérébral est intrinsèquement instable et que ce défaut apparent peut être corrigé par la conscience, laquelle stabilise le cortex en étant « militante », ce qui renforce l'activité favorable à l'organisme et en réprime l'activité qui lui est défavorable. Troisièmement, James avance le fait que les plaisirs sont associés à des expériences bénéfiques et les douleurs, à des expériences négatives. Si le plaisir et la douleur n'étaient pas efficaces, il ne verrait pas pourquoi l'inverse (douleur bénéfique ; plaisir négatif) ne serait pas vrai si la théorie de l'automate était correcte. La conscience, pour James, s'est ajoutée au cours de l'évolution « afin de gouverner un système nerveux devenu trop complexe pour se réguler lui-même ». James est trop scrupuleux pour ne pas souligner un mystère essentiel suscité par la position qu'il défend : « *Comment* peuvent se produire ces réactions de la conscience sur les courants [nerveux] doit rester pour l'instant sans solution. » Remarquons que, plus récemment, un autre brillant scientifique, Roger Sperry, a admis que la conscience pouvait bel et bien affecter l'éveil neuronal.

Évidemment, j'ai adopté une position contraire : rien ne nous empêche d'admettre l'idée qu'on peut répondre à tous les points soulevés par James par l'évolution des états C' avec leurs états C correspondants. Avec le bon mécanisme de conscience — précisément celui qui vient de l'activité du noyau dynamique réentrant —, pas de problème quant aux effets sur les « courants nerveux ».

Si je suis en désaccord avec James, je dois aussi m'écarter de Huxley : nous ne sommes pas des automates.

La TSGN, qui repose sur le raisonnement en termes de population et de sélection, exclut l'idée que nous soyons des machines ou, plus précisément, des machines de Turing. La variabilité de la conscience, due à la nature du noyau dynamique, n'est pas un défaut. Il en va ainsi parce que la variabilité s'accompagne d'une activité d'intégration et d'une sélection. L'extrême richesse des états du noyau fournit les bases pour de nouvelles réponses aux vicissitudes de l'environnement. Et ces réponses sont stabilisées par le fonctionnement du cerveau en tant que système complexe.

Ce qui est inhabituel dans la position que nous adoptons, ce n'est pas que C soit un épiphénomène ou, s'il l'est, que cela crée un paradoxe. En fait, cela n'en crée pas. L'étrangeté de notre conception de la causalité tient au fait que les états C, même lorsqu'ils ne sont pas directement causals, reflètent de façon fiable l'aptitude discriminante incroyablement raffinée des états C'. C'est la caractéristique de base de l'activité consciente qui résulte des interactions réentrantes du noyau dynamique.

L'étroite relation de déclenchement entre C' et C implique nécessairement une expérience à la première personne. Toute évaluation par un tiers des conséquences de C' (comme avec notre homonculoïde) exigerait une synthèse mathématique extraordinairement rapide de l'état immédiat du noyau de l'individu et un moyen de connecter cette synthèse d'événements extraordinairement complexes aux événements ultérieurs du noyau. L'évolution, si puissante soit-elle, n'a pu assurer ces aptitudes. Surtout, pour permettre la mesure des conséquences causales, ces aptitudes exigeraient aussi une connaissance plus ou moins complète de l'histoire passée des valeurs-catégories de chaque individu. Étant donné l'existence de la nouveauté et la nature sélective des événements neuraux, une synthèse de ce type ne pourrait être menée à bien par un ordinateur, quelle que soit sa puissance. Même notre bizarre homonculoïde ne pourrait avoir *l'expérience* des processus qu'il serait censé suivre.

Quand nous nous parlons comme si nos états C étaient causals, nul besoin de nous soucier de l'état C' particulier qui est la vraie cause de notre échange. La relation de déclenchement qui fait de C une propriété de C' nous met sur la piste de la relation qu'a C' avec l'efficacité causale. Alors qu'au premier abord il peut sembler assez inquiétant que toutes nos transactions, à la première et à la troisième personne, reposent sur des événements neuraux, il n'y a en réalité pas contradiction. Les seules contradictions qui peuvent survenir viennent des présupposés contraires : que les états C' puissent donner lieu à des effets identiques sans occasionner C, que C puisse exister sans C' ou que C elle-même puisse être causale.

La transformation phénoménale est un moyen élégant d'exprimer les états intégrés de C' à la première personne. Il n'existe pas d'autre manière de faire directement l'expérience de ces événements neuraux. Même dans l'échange entre deux humains conscients, la transformation consciente fournit une indication des relations causales sans être causale elle-même. L'état subjectif reflète les propriétés actuelles des états neuraux du noyau. C'est l'espace des qualia lui-même — la conscience dans toute sa richesse.

Chapitre 8

Le conscient et le non-conscient :

AUTOMATISME ET ATTENTION

Nous sommes accoutumés à des habitudes et à des activités automatiques, comme faire du vélo, qui sont fondées sur des actes conscients antérieurs d'apprentissage. Nous sommes aussi habitués aux divers niveaux de nos actes attentifs conscients. Ils vont de l'« état de repos » flottant librement que sont l'attention et la conscience diffuses à l'attention hautement focalisée sur une idée, une image ou une pensée. Tous ces phénomènes sont liés d'une certaine façon au fonctionnement des structures sous-corticales qui collaborent avec le noyau thalamocortical dynamique. Ces structures sous-corticales, comme les ganglions de la base, le cervelet et l'hippocampe, que j'ai décrites plus haut, je les ai appelées les organes de la succession du fait de leur relation avec le mouvement et le temps.

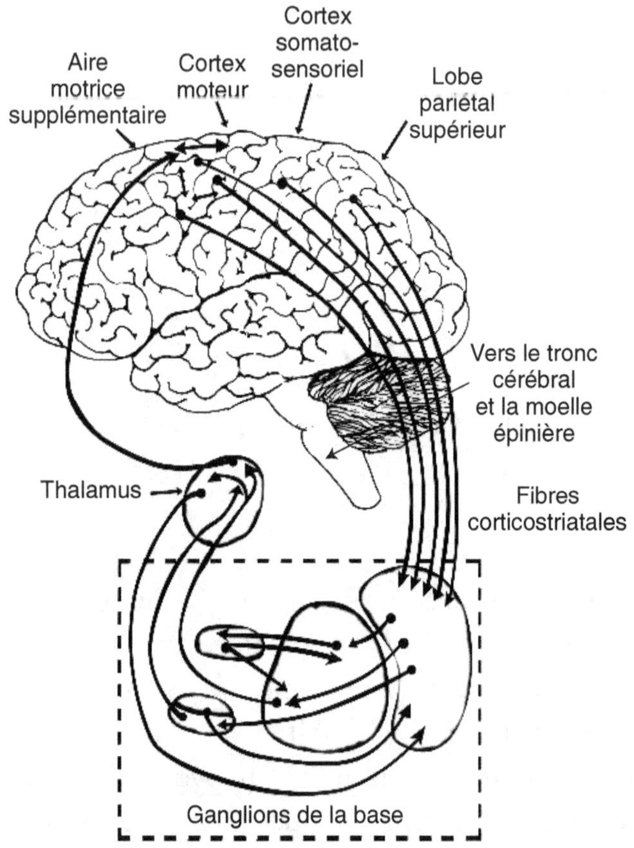

Figure 11.
Le circuit moteur des ganglions de la base.
*Il illustre les boucles polysynaptiques véhiculant les signaux
inhibiteurs et désinhibiteurs par le biais du thalamus. Ce
circuit des ganglions de la base est une boucle sous-corticale
par* feed-back *qui part des aires motrices et somato-sensorielles du cortex, passe par des portions isolées des ganglions
de la base et du thalamus, pour retourner au cortex prémoteur,
à l'aire motrice supplémentaire et au cortex moteur. (Les ganglions*

À n'en pas douter, les ganglions de la base et le cervelet sont importants pour initier et contrôler le mouvement. Comme je l'ai déjà mentionné, l'hippocampe est concerné par la conversion de la mémoire à court terme en mémoire à long terme grâce à l'interaction avec le cortex cérébral. Une fois la formation hippocampale retirée des deux côtés du cerveau, la mémoire épisodique ne peut plus s'établir, bien que tous les souvenirs épisodiques antérieurs à la lésion restent intacts.

Examinant l'automatisme et l'attention, je privilégierai les interactions entre les ganglions de la base et le cortex cérébral. Ces interactions connectent les fonctions non conscientes et les fonctions conscientes. Pour présenter ces transactions, je dois commencer par un autre excursus neuro-anatomique. Ce détour, qui requiert quelques noms latins, montrera les grandes différences qui caractérisent l'organisation du noyau thalamocortical et le système des ganglions de la base. Mais les noms comptent moins que les connexions anatomiques auxquelles ils donnent lieu.

(suite légende)

de la base et le thalamus ont été déplacés et grossis pour les besoins de la clarté d'exposition). Les ganglions de la base sont impliqués dans la régulation des programmes et des plans moteurs, et ils semblent aussi concernés par divers aspects de l'attention. Ce schéma ne montre pas les projections plus étendues et aussi organisées des ganglions de la base vers d'autres aires du cerveau, comme certaines parties du précortex (cortex frontal et pariétal), qui sont tout aussi importantes pour l'attention.

Les ganglions de la base (voir figure 11) sont cinq noyaux situés profondément au centre du cerveau. Ils reçoivent des connexions du cortex cérébral et envoient des projections au cortex qui passent par le thalamus. Leurs connexions avec le cortex sont organisées de façon topographique (comme une carte) dans les deux directions. Ils se connectent aussi les uns avec les autres par une série de boucles polysynaptiques.

Une portion importante des ganglions de la base, qui constitue les *noyaux entrants* liés au cortex, est ce qu'on appelle le striatum, constitué par le noyau caudé et le putamen. Les autres noyaux sont le globus pallidus, la substance grise et le noyau sous-thalamique. Le globus pallidus et une partie de la substance grise forment les principaux *noyaux sortants* qui se projettent dans le thalamus. Leurs sorties peuvent à leur tour être considérées comme les entrées du noyau thalamocortical dynamique. Outre les entrées du cortex cérébral dans le striatum, les noyaux intralaminaires du thalamus se projettent aussi dans le striatum. Il est particulièrement important de bien noter que les ganglions de la base reçoivent des entrées de pratiquement toutes les régions du cortex. Le contraste est net avec ce qui se passe dans le cervelet, qui ne reçoit des entrées que d'une fraction plus restreinte du cortex. Le cervelet est relié aux régions motrices et prémotrices du cortex ; au contraire, les ganglions de la base se projettent aussi bien vers le cortex préfrontal que vers ce qu'on appelle les aires d'association, dont l'activité aide à la prise de décision liée à l'action.

Selon les descriptions classiques, il existe deux principaux circuits permettant aux ganglions de la base d'exercer leurs effets. On peut se contenter pour l'instant de décrire les effets des ganglions de la base sur les activités motrices ; les mêmes mécanismes s'appliquent aux autres circuits engagés par les ganglions. Ce qu'on appelle la voie directe reçoit les entrées excitatrices (glutaminergiques) venues du cortex au striatum. Celui-ci se projette alors dans les segments internes du globus pallidus et dans ce qu'on appelle la partie réticulée de la substance grise. La voie indirecte suit une route différente. Elle va du striatum au segment externe du globus pallidus, lequel envoie des fibres au noyau sous-thalamique. Ce noyau se reprojette ensuite vers le globus pallidus et la substance grise.

Les sorties du striatum sont inhibitrices. L'excitation des neurones striataux par le cortex inhibe les cellules inhibitrices et peut donner lieu au mouvement, lequel résulte de la stimulation des aires prémotrices et motrices du cortex. Au contraire, la voie indirecte exerce ses effets lorsque l'entrée corticostriatale inhibe le segment externe du globus pallidus. Cela se traduit par la désinhibition du noyau sous-thalamique, qui excite alors les noyaux sortants des ganglions de la base par l'intermédiaire du transmetteur glutamate. Il en résulte l'inhibition du thalamus et l'excitation réduite des aires motrices.

Une modulation clé de ces voies provient de l'action du neurotransmetteur dopamine, qui médiatise les projections de la substance grise. La dopamine excite la voie directe, mais inhibe la voie indirecte. Le résultat net dans les deux cas est d'attiser le mouvement.

Comme indiqué, les ganglions de la base et le cortex cérébral sont organisés de façon très différente. Il est clair que les circuits moteurs des ganglions de la base modulent le mouvement en favorisant certaines réponses corticales et en en supprimant d'autres. Des lésions affectant la projection dopaminergique de la substance grise donnent par exemple lieu à la maladie de Parkinson. Dans ce syndrome, on éprouve des difficultés à initier des mouvements, leur exécution est ralentie, il y a tremblement et rigidité. Mais l'implication des ganglions de la base dans l'effectuation des programmes moteurs n'est probablement pas le seul effet qu'ont ces noyaux sur le fonctionnement cortical. Certains patients souffrant de la maladie de Parkinson peuvent avoir des déficits cognitifs et un ralentissement général de la pensée. On sait aussi que les ganglions de la base sont impliqués dans les déficits et les actions répétitives liées au trouble obsessionnel compulsif. Surtout, dans la chorée de Huntington, qui résulte d'une perte de cellules cholinergiques et GABAergiques dans le striatum, il y a plusieurs graves déficits : absences et finalement démence, accompagnées de graves troubles du mouvement. Ces déficits cognitifs graves sont probablement liés aux effets sur les projections du malade des ganglions de la base vers le cortex préfrontal.

Une série d'observations obtenues par imagerie cérébrale confirme l'hypothèse selon laquelle les connexions entre les ganglions de la base et le cortex seraient impliquées dans l'exécution des programmes moteurs automatiques. Pendant l'apprentissage conscient de tâches, une portion considérable du cortex cérébral est engagée. Avec la pratique, l'attention consciente n'est plus requise, et les actes deviennent automatiques, comme lorsqu'on fait de la bicyclette. À ce stade, des scanners du cerveau montrent que l'implication de celui-ci est moindre sauf si on introduit de la nouveauté, ce qui exige davantage d'attention consciente. Une hypothèse séduisante veut que les collaborations entre le cortex et les ganglions de la base fixent les modifications synaptiques qui se trouvent derrière ces apprentissages procéduraux. Ainsi, par exemple, la pratique de passages musicaux se traduira par la capacité à les « débiter » sans faire attention aux détails précis. Par la suite, deux de ces passages ainsi appris pourront être reliés moyennant des efforts conscients et de la pratique, et leur exécution deviendra de nouveau automatique. Sur scène, un pianiste qui joue un concerto avec un orchestre peut exécuter des passages sans attention consciente, note par note, et il peut en même temps prévoir consciemment ou penser par anticipation une phrase musicale ou un tempo qui va arriver. La portion non consciente de cette exécution est, selon notre hypothèse, gouvernée en grande partie par les interactions qui ont lieu entre les ganglions de la base et les parties du cortex qui ne sont pas engagées dans les activités du noyau.

Cette hypothèse implique que certaines parties du cortex peuvent être engagées dans ces interactions sans être directement impliquées dans l'opération du noyau dynamique. Quand c'est nécessaire, toutefois, les entrées et les sorties du noyau peuvent évoquer des réponses apprises qui impliquent ces parties du cortex et des ganglions de la base, routines qui étaient non conscientes auparavant.

Dans ces interactions, l'attention peut être impliquée à divers degrés, et il est probable que l'attention consciente n'est pas médiatisée par un seul mécanisme. Par exemple, dans un état de conscience « flottante » ou en « repos », qui implique peu d'attention focalisée, il est raisonnable d'estimer que la réentrée corticocorticale et la réentrée thalamocorticale changeante suffisent. Dans des états d'attention plus focalisée, mais pas seulement, un filtrage par le noyau réticulé et les noyaux spécifiques du thalamus pourrait jouer et restreindre l'activité du noyau. Dans les états d'attention hautement focalisés, on peut conjecturer que les boucles d'interaction entre le noyau dynamique et les ganglions de la base constituent un mécanisme central. Cette hypothèse présuppose que les composantes motrices de l'attention jouent un rôle essentiel et même dominant dans les actes imaginés, sans engager de mouvements réels. Les circuits des ganglions de la base conviennent bien pour ce faire. À la différence de ceux du cervelet, ils n'ont pas de connexions sortantes vers le tronc cérébral et la moelle épinière, mais ils sont connectés à une grande partie du cortex par le biais du thalamus.

Ainsi, dans l'attention hautement focalisée, les boucles perceptives et motrices, et les encartages globaux peuvent servir à limiter les états du noyau dynamiques à la cible de l'attention consciente. Dès lors, tout se passe comme si le sujet attentif n'était conscient que de la tâche à laquelle il fait attention. Les boucles inhibitrices des circuits des ganglions de la base et l'aptitude à moduler l'inhibition en équilibrant voie directe et voie indirecte semblent bien adaptées à ce mécanisme.

Les hypothèses exprimées ici sont fondées sur l'idée que la dynamique réentrante complexe du noyau thalamocortical peut être influencée par l'activité cérébrale non consciente. Je n'ai pas abordé l'inconscient freudien et l'idée de refoulement, qui reste dans une certaine mesure un sujet dérangeant. Mais il n'est pas impensable que la modulation des systèmes de valeur puisse fournir une base à l'inhibition sélective des voies liées à des souvenirs particuliers. Pour l'instant, il suffit pour mon propos de traiter de l'interaction entre les états conscients et ceux qui sont nécessairement inconscients.

L'excursus anatomique de ce chapitre était nécessaire pour révéler les différences qui existent entre les structures non conscientes, comme les ganglions de la base et le cervelet, d'une part, et les dispositifs thalamocorticaux du noyau, de l'autre. Les éléments du noyau sont extrêmement réentrants. Au contraire, les éléments des ganglions de la base se trouvent pris dans de longues boucles inhibitrices. Alors que les sites d'interaction de ces boucles sont très dispersés, pour l'essentiel, la complexité du noyau dynamique est bien plus grande que celle des boucles polysynaptiques des ganglions. Comme je l'ai indiqué plus haut, le noyau agit comme un faisceau fonctionnel ; il interagit en grande partie avec lui-même pour déclencher des états conscients. L'aptitude à ouvrir ou à restreindre des interactions cortex-ganglions de la base, modulant ainsi les contenus de conscience, peut toutefois affecter l'étendue du noyau et altérer les états d'attention.

Chapitre 9

Conscience d'ordre supérieur
et représentation

J'ai pour l'instant surtout privilégié la conscience primaire. Pour autant que nous le sachions, les animaux dotés d'une conscience primaire n'ont pas de sens du passé, de concept du futur ni du soi qui puisse se définir socialement et être nommé. Surtout, ils ne sont pas conscients d'être conscients. L'absence de ces fonctions ne signifie toutefois pas qu'ils n'ont pas de soi, qu'ils n'ont pas d'images dans le présent remémoré et qu'ils n'ont pas de mémoire à long terme. Sous l'œil attentif de la conscience dans le présent remémoré, ils peuvent même avoir des plans et réagir d'après leur mémoire passée de valeur-catégorie.

Qu'est-ce donc qui leur fait défaut ? Selon la TSGN étendue, ils n'ont pas d'aptitudes sémantiques. Ils ne peuvent utiliser des symboles pour donner du sens aux actes et aux événements, et pour raisonner sur des événements qui ne se déroulent pas dans le moment présent. Cela ne veut pas dire que, pour avoir une conscience d'ordre supérieur, il faut qu'un animal possède le langage. Certaines données montrent que des primates comme les chimpanzés ont des aptitudes sémantiques, mais presque pas d'aptitude syntaxique, de sorte qu'ils n'ont pas de vrai langage. Pour autant, on sait qu'ils sont capables de reconnaître des images en miroir d'eux-mêmes et de raisonner sur les conséquences des actions d'autres chimpanzés ou d'humains. Dès lors et étant donné leurs aptitudes sémantiques, il est probable qu'ils sont dotés d'une forme de conscience d'ordre supérieur.

Notre principale espèce de référence pour la conscience d'ordre supérieur, c'est nous-mêmes. Nous n'avons pas seulement une identité biologique, mais, en plus d'avoir un soi agissant dans le présent remémoré, nous avons une conscience d'ordre supérieur et un soi défini socialement et de façon linguistique. Nous sommes conscients d'être conscients, nous avons une connaissance narrative explicite du passé et nous pouvons construire des scénarios dans un futur imaginaire. Nous possédons un vrai langage parce que, en plus de nos aptitudes phonétiques et sémantiques, nous avons des aptitudes syntaxiques. Grâce à l'acquisition et à l'accumulation d'un lexique, les êtres humains peuvent utiliser des marques verbales et des symboles pour s'écarter du présent remémoré par des actes d'attention. Bien sûr, pour que la conscience d'ordre supérieur opère, la conscience primaire est nécessaire, même si ses exigences immédiates sont temporairement déplacées par ces actes d'attention.

Ces observations posent un grand nombre de questions intéressantes. L'une d'elles est liée au fonctionnement de l'hippocampe. Cette structure neurale est nécessaire pour la mémoire épisodique, la mémoire à long terme des événements séquentiels, le « récit » du cerveau. Comme je l'ai mentionné auparavant, on sait que le fait de retirer l'hippocampe des deux côtés du cerveau chez des adultes élimine la transformation de la conscience et de la mémoire à court terme en souvenirs à long terme de l'expérience vécue. Un patient ne conserve alors des souvenirs épisodiques et des capacités narratives que jusque-là. Après l'opération, il ne peut se remémorer une séquence d'expériences que pendant de très courtes périodes. On ne sait pas si le fait d'être né sans hippocampe des deux côtés signifierait pour un individu l'absence de conscience. Mais je conjecture que, même si une certaine forme de conscience primaire était conservée, il est probable que la conscience d'ordre supérieur ne se développerait pas. La conscience d'ordre supérieur repose en partie sur la mémoire épisodique, et, en l'absence de celle-ci, une activité sémantique cohérente aurait peu de chances de se développer.

L'origine tout d'abord des aptitudes sémantiques, puis des aptitudes syntaxiques pendant l'évolution fait l'objet de discussions. Il est sans doute simpliste de suggérer que les aptitudes linguistiques n'ont émergé qu'avec le développement des aires de Broca et de Wernicke dans le cerveau. Ce sont les aires qui, dans le cortex, lorsqu'elles sont endommagées, peuvent donner lieu à diverses formes de handicap linguistique qu'on appelle aphasie. Des structures sous-corticales nouvelles ainsi que l'extension du cortex préfrontal ont aussi dû être impliquées dans l'évolution des régions qui rendent possibles la grammaire et, ainsi, un vrai langage. Quoi qu'il en soit, il semble probable que de nouvelles voies et de nouveaux circuits réentrants sont apparus dans ces régions cérébrales et qu'ils sont devenus les bases essentielles de l'émergence au cours de l'évolution de l'aptitude sémantique et finalement linguistique. L'apparition de ces voies est ainsi décisive pour le développement de la conscience d'ordre supérieur (voir figure 12).

Lorsque ces capacités se développent chez un individu, l'éventail de sa pensée consciente s'accroît grandement. Le cerveau est capable d'aller au-delà de l'information qu'on lui donne, comme l'a dit le psychologue Jerome Bruner. Les interactions réentrantes entre les cartes médiatisant les concepts, ces symboles linguistiques médiateurs, et les parties non conscientes du cerveau permettent à la conscience de tirer parti de la mémoire, même en l'absence de nouvelles informations perceptives. Cependant, il ne faut pas imaginer que la performance linguistique garantit immédiatement une capacité pleine et entière de conscience d'ordre supérieur. Dans l'enfance, une compétence de plus en plus grande doit se développer et être coordonnée aux systèmes conceptuels et mnémoniques avant que ne s'épanouisse pleinement la conscience d'ordre supérieur.

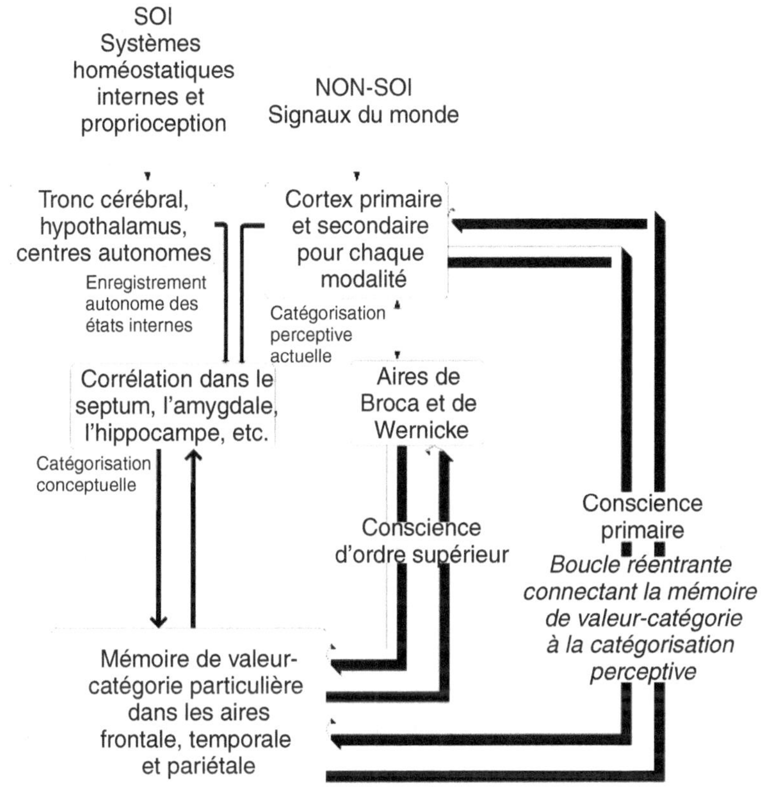

Figure 12.

Évolution de la conscience d'ordre supérieur.
Une nouvelle boucle réentrante apparaît chez les primates dotés de capacités sémantiques et s'étend pendant l'évolution des hominidés avec l'émergence du langage. L'acquisition d'une nouvelle sorte de mémoire, tirant parti des capacités sémantiques et finalement du langage, donne lieu à une explosion conceptuelle. Par suite, les concepts du soi, du passé et du futur deviennent liés à la conscience primaire. La conscience de la conscience devient possible. (Voir figure 7, page 74 pour relier ce schéma à celui de la conscience primaire.)

Les anthropologues se sont livrés à des spéculations sur le développement du langage chez les hominidés. Il ne faut pas négliger le développement du tractus vocal et de l'espace antérieur au larynx, la régulation motrice de la respiration pendant la parole et les bases de la discrimination auditive des sons ainsi articulés. On a aussi beaucoup évoqué le développement considérable et rapide du cortex cérébral au cours de l'évolution humaine. L'adoption de la bipédie a aussi constitué une condition préalable nécessaire pour l'élargissement du cortex, puisqu'elle a levé certaines contraintes pesant sur la morphologie cranofaciale, apportant ainsi plus de place pour un gros cortex.

On se demande également si la bipédie n'a pas donné une plus grande liberté aux membres supérieurs, de sorte que les gestes ont pu prendre une plus grande signification pour la communication. Dans certaines populations de sourds et chez certains sourds-muets, on a observé une communication gestuelle sans syntaxe d'une vraie langue des signes. Cette communication par mime suggère que les précurseurs du langage ont pu inclure des gestes aussi bien que des signes vocaux. Une fois les extrémités supérieures libérées de la nécessité de grimper, de s'accrocher ou de marcher, tout un ensemble de précurseurs impliquant l'interprétation des gestes par le soi et par autrui a pu s'ouvrir aux premiers hominidés. La question se pose de savoir si les bébés qui ont appris à marcher et ont les membres supérieurs libres développent des aptitudes semblables avant de bien parler. L'acquisition du langage a pu être grandement facilitée par le développement de l'imagerie consciente liée aux mouvements et au contrôle moteur. Il est quasiment certain que les concepts d'objet, d'événement et de succession existent dans l'esprit de l'enfant avant l'exercice du langage. Dès lors, les séquences d'actions des extrémités supérieures peuvent préparer les boucles ganglions de la base-cortex pour l'émergence de séquences syntaxiques, établissant ainsi ce qu'on peut appeler une protosyntaxe.

Il est clair que l'un des plus grands pas vers l'acquisition d'un vrai langage est le fait de comprendre qu'une marque arbitraire — un geste ou un mot — tient lieu de chose ou d'événement. Une fois qu'un lexique assez important de marques de ce type est accumulé, la conscience d'ordre supérieur peut prendre de l'ampleur. Des associations peuvent se faire par métaphore et, dans l'activité courante, une métaphore, antérieure peut se transformer en catégories plus précises de l'expérience intra- et interpersonnelle. Le don du récit et un sens étendu de la succession temporelle s'ensuivent. Alors que le présent remémoré est en réalité un reflet du vrai temps physique, la conscience d'ordre supérieur permet de relier un soi socialement construit aux souvenirs passés et aux imaginations futures. C'est ainsi que se construit l'illusion héraclitéenne d'un point présent venant du passé et allant vers l'avenir. Cette illusion, mêlée au sens du récit et à l'aptitude métaphorique, élève la conscience supérieure à de nouvelles hauteurs. L'examen de ces capacités attire notre attention sur la question de la représentation « dans l'esprit ».

Les sciences cognitives modernes reposent fortement sur l'idée de représentation mentale et, dans certains champs, sur l'idée que le cerveau effectue des « computations ». Dans une certaine mesure, les spécialistes ont tendance à utiliser les termes « représentation » et « encodage » pour se référer assez indifféremment à la corrélation ou à la covariance des structures d'éveil neuronal avec des entrées perceptives ou des états de la mémoire. Je voudrais défendre ici l'idée que, si on ne fait pas de distinction quant au rôle de la conscience, une certaine confusion résulte de l'emploi de ces termes.

« Représentation » est un terme d'usage très libre — on l'a appliqué à des images, à des gestes, à du langage, etc. Dans la plupart des cas, référence et signification sont attachées à son usage. Il est toutefois erroné de considérer que signification et représentation mentale sont équivalentes, pour des raisons que j'envisagerai le moment venu. Quoi qu'il en soit, il est difficile d'éviter de conclure que conscience et représentation sont intimement liées. Il est possible à un neurophysiologue de dire qu'une structure d'éveil corrélée à un signal d'entrée est une représentation, mais cet emploi du terme reflète un point de vue à la troisième personne. En tant que tel, il n'inclut pas les images mentales, les concepts, les pensées et certainement pas la charge d'intentionnalité — c'est-à-dire des croyances, des désirs et des intentions.

La position que j'adopterai ici est la suivante : bien que le processus conscient implique la représentation, le substrat neural de la conscience n'est pas représentationnel. Cela a pour corollaire que des formes de représentation se produisent dans C, mais qu'elles n'évoquent pas les états C' sous-jacents (voir figure 10). Selon cette conception, la mémoire n'est pas représentationnelle, et les concepts sont le résultat du fait que le cerveau encarte ses propres cartes perceptives donnant lieu à des généralités ou « universaux ». La mémoire et les concepts, ainsi que les systèmes de valeur, sont nécessaires pour la signification ou le contenu sémantique, mais ils ne sont pas identiques à ce contenu.

L'avantage de cette position, c'est qu'elle ne lie pas les questions de signification et de référence dans une correspondance terme à terme avec les états du cerveau ou bien les états de l'environnement. En même temps, on peut rendre compte des formes très diverses de « représentations » en termes d'états de la conscience primaire et de la conscience d'ordre supérieur. Par exemple, des images mentales apparaissent dans une scène de la conscience primaire en grande partie en vertu des mêmes processus neuraux qui font apparaître les images perceptives directes. Dans un cas, ils s'appuient sur la mémoire, dans l'autre, sur les signaux de l'extérieur. D'autre part, les concepts ne doivent pas nécessairement reposer sur les images, mais plutôt sur les encartages globaux et certaines activités des systèmes moteurs qui n'engagent pas nécessairement le cortex moteur et ne donnent donc pas lieu à du mouvement. À un niveau supérieur, la cognition et l'intentionnalité sont simplement des parties du processus conscient qui peuvent ou non déclencher des images.

Cette conception s'oppose à l'idée de computation et à celle qui voudrait qu'il existe un « langage de la pensée ». La signification n'est pas identique à la « représentation mentale ». Elle résulte plutôt du jeu entre les systèmes de valeur, les divers indices environnementaux, l'apprentissage et la mémoire non représentationnelle. Par nature, le processus conscient enferme la représentation dans une toile dégénérée et dépendante du contexte : il existe beaucoup de manières pour les circuits neuraux individuels, les populations de synapses, les divers signaux environnementaux et l'histoire antérieure du sujet de donner lieu à la même signification.

Le problème de la représentation et de l'intentionnalité est lié à la question de savoir comment la conscience d'ordre supérieur elle-même apparaît. Le point essentiel à saisir est que les circuits réentrants sous-jacents à la conscience sont extrêmement dégénérés. Il n'y a pas une seule et unique activité des circuits, ou code, qui correspondrait à une « représentation » consciente donnée. Un neurone peut contribuer à telle ou telle « représentation » à un certain moment et ne rien avoir à y apporter le moment qui suit. C'est vrai aussi des interactions dépendantes du contexte avec l'environnement. Un changement dans le contexte peut modifier les qualia qui font partie d'une représentation, voire recomposer certaines qualia et conserver cependant cette représentation. Quoi qu'il en soit, d'autres aspects des qualia qui sont liés à la sensation ne sont inclus dans aucune représentation.

Les relations avec les processus de différenciation et d'intégration dans le noyau dynamique complexe sous-jacent à la conscience découlent directement de ces notions. Les états du noyau eux-mêmes ne « représentent » pas terme à terme une image, un concept ou une scène donnée. Dépendant des entrées, de l'environnement, de l'état du corps et d'autres contextes, les différents états du noyau peuvent sous-tendre une représentation donnée. Les interactions sont relationnelles et ont les propriétés d'ensembles polymorphes. Ce sont, comme les « jeux » de Wittgenstein, des ensembles qui ne sont définis ni uniquement par des conditions nécessaires, ni conjointement par des conditions suffisantes. Si, par exemple, il existe n critères différents pour des jeux aujourd'hui, *n'importe quel* sous-ensemble m de critères, où m est bien plus petit que n, suffira à définir un jeu ou, dans le cas présent, un sous-ensemble d'états du noyau sous-jacents à une représentation particulière.

Cette conception n'a pas les propriétés rigides de l'atomisme logique ou des modèles informatiques de l'esprit. Elle s'accorde cependant avec un grand nombre d'observations sur le langage et la référence. N'importe quelle représentation peut correspondre à de nombreux états neuraux sous-jacents et signaux dépendants du contexte. On tient donc compte de la nature historique de l'expérience consciente. Surtout, cette vision rend justice à l'extrême complexité des relations sous-jacentes à n'importe quelle « représentation » donnée. On peut alors expliquer le problème de la variété extrême des représentations en envisageant comment des relations apparaissent entre les divers états conscients et surtout entre leurs corrélats neuraux.

Pour l'instant, j'ai peu évoqué les expériences que l'on a conçues pour découvrir les corrélats neuraux de la conscience. La complexité de la représentation donne l'occasion de présenter brièvement une expérience de ce type. Elle a été imaginée pour expliquer ce qui se passe lorsqu'une personne devient consciente d'un objet perceptif. Les résultats montrent que le cerveau de chaque individu témoigne d'interactions réentrantes étendues lorsque le sujet devient conscient d'un objet. Les données montrent aussi que différents individus rapportant les mêmes réponses conscientes ont des structures individuelles, c'est-à-dire que chaque cas est différent des autres.

Cette expérience recourt à une technique non invasive, dite magnéto-encéphalographie, qui mesure les minuscules courants électriques apparaissant au niveau de dix mille neurones en détectant les champs magnétiques associés. Pour ce faire, on utilise des dispositifs spéciaux qui reposent sur la supraconductivité, la conductivité de l'électricité sans résistance à des températures très basses. Dans l'une des versions, 148 de ces dispositifs supraconducteurs sont répartis sur un casque posé sur la tête du sujet vivant. La mesure des champs est assurée dans une pièce isolée afin de minimiser les interférences extérieures.

L'expérience réelle repose sur un phénomène dit de concurrence binoculaire. Le sujet porte des lunettes munies d'un verre rouge et d'un verre bleu. Il regarde un écran montrant des barres rouges verticales traversées à angle droit par des barres bleues horizontales. Même si le cerveau et l'œil effectuent des constructions, ces images disparates ne peuvent être réconciliées ni fondues en une seule. Au contraire, le sujet voit d'abord les barres rouges verticales et, quelques secondes plus tard peut-être, il voit les barres bleues horizontales. Il y a alternance. Chaque fois que le sujet voit du rouge, il appuie sur un bouton à sa droite et, chaque fois qu'il voit du bleu, il appuie sur un bouton à sa gauche. Les réponses des boutons sont enregistrées en même temps que les réponses magnétiques du cerveau.

Les données sont traitées par des techniques mathématiques qui révèlent des lots d'intensité magnétique sur des aires spécifiques du cortex cérébral lorsque le sujet rapporte être conscient de l'objet et aussi quand ce n'est pas le cas. (N'oubliez pas que le cerveau « voit » les verticales rouges et les horizontales bleues, que le sujet rapporte être conscient ou non.) On peut utiliser une autre technique mathématique pour mesurer si des groupes de neurones situés dans des parties éloignées du cerveau s'éveillent de façon synchrone ou non, ce qui permet de tester l'apparition de la réentrée.

Les résultats (voir figure 13) sont remarquables. Lorsque le sujet n'est conscient d'aucune barre, le cerveau n'en répond pas moins dans une voie qui va des aires visuelles, situées dans les parties postérieures du cortex, aux aires frontales liées à ce que l'on appelle les

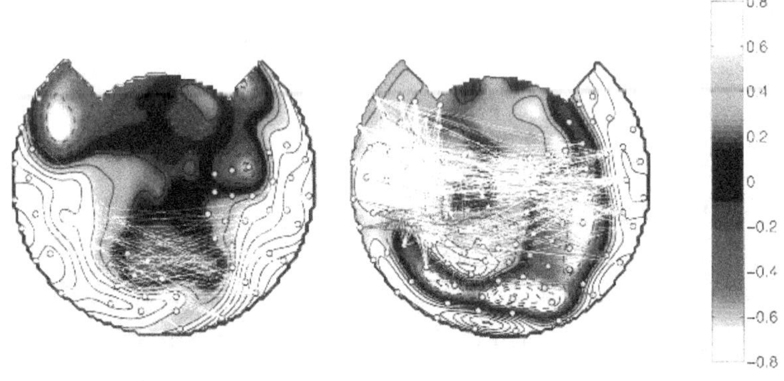

Figure 13.

La cohérence des processus neuraux sous-jacents à la conscience, mesurée par MEG en situation de concurrence binoculaire.
Les lignes droites indiquent la synchronisation de plus en plus grande entre les régions corticales éloignées et dispersées qui apparaissent lorsque le sujet est conscient d'un stimulus. Le haut de chaque lot représente les régions antérieures du cortex. Les résultats sont obtenus en soustrayant les mesures effectuées lorsque le sujet n'était pas conscient du stimulus de celles qui sont réalisées quand le sujet en est conscient. Ces découvertes confirment une prédiction de la TSGN étendue, à savoir que la réentrée est un mécanisme central sous-jacent à l'état conscient. Les différentes aires colorées représentent l'intensité des réponses du cerveau relativement à la barre à gauche.

« fonctions supérieures ». Lorsque le sujet rapporte être conscient des barres rouges ou bleues, les réponses montrent des structures très spécifiques. Certaines aires du cerveau ont une activité dont l'intensité décroît, alors qu'elle augmente dans d'autres ; en général, cependant, la conscience d'une structure cible s'accompagne d'augmentations de 40 à 80 % dans les réponses du cerveau.

Au cours d'un ensemble d'expériences, deux sujets n'ont jamais des structures de réponse identiques. Une analyse de l'éveil synchrone de neurones éloignés au cours de petits intervalles de temps a fait état d'interactions réentrantes. Bien que chaque sujet ait eu une réponse similaire à ce qu'il rapportait (une « représentation » de barres horizontales bleues ou bien verticales rouges), les structures enregistrées pour chaque sujet étaient individuelles et différentes de celles de n'importe quel autre sujet. Puisque cette expérience a été répétée pour chaque individu sur de longues périodes de temps, il est clair que, entre différents individus, chaque « représentation », même si elle était rapportée en termes similaires, était corrélée à des structures réentrantes très diverses.

La position et les expériences que je viens de présenter ont plusieurs conséquences. La première est que, malgré son importance immense, l'enregistrement neurophysiologique ne peut à lui seul capturer la richesse de la représentation consciente. Pas de malentendu, cependant : les analyses neurophysiologiques des relations de causalité et de covariance dans C' sont fondamentales. Vu la complexité et la dégénérescence des entrées environnementales et corporelles dans le noyau dynamique, on ne trouvera toutefois pas un *seul et unique* encartage pour chaque état représentationnel, de même qu'il n'y en a pas pour des qualia similaires. Alors qu'il existe des classes d'états neuraux pour une scène, il n'est pas bon de désigner par le terme de « représentations » ces encartages dynamiques dans C' hautement variables et dépendants du contexte.

Autre conséquence de cette conception : une grande partie de la psychologie cognitive est mal fondée. Il n'existe pas d'états fonctionnels équivalents à des états computionnels définis ou codés dans les cerveaux individuels et pas de processus équivalents à l'exécution d'algorithmes. Au contraire, il existe un ensemble extrêmement riche de répertoires sélectifs de groupes neuronaux dont les réponses, par sélection, peuvent se régler sur la richesse infinie des entrées environnementales, de l'histoire individuelle et de la variation individuelle. Selon cette conception, l'intentionnalité et la volonté dépendent toutes deux des contextes locaux de l'environnement, du corps et du cerveau ; elles ne peuvent apparaître que grâce à ces interactions et non à titre de computations précisément définies. Que les mouvements dirigés d'un fœtus donnent lieu à une « représentation » de la différence entre ses efforts et les mouvements extérieurs qui lui sont imposés ou bien que, à l'autre extrême, des métaphores et des néologismes shakespeariens frappent des adultes par leur sens immédiat, l'idée qu'un processus non représentationnel peut donner naissance de multiples manières à des représentations s'accorde avec un large éventail d'observations et de possibilités, ainsi qu'avec l'idée que la conscience d'ordre supérieur elle-même est portée au pinacle par l'acquisition du langage.

Chapitre 10

Théorie et propriétés
de la conscience

Est-il possible de résumer une théorie de la conscience en un bref aperçu ? Je ne pense pas que ce soit possible si on ne s'adresse pas à ceux qui ont déjà accompli tout le parcours. C'est à destination de ce public que je voudrais essayer.

Ma première présupposition était qu'une théorie biologique de la conscience doit reposer sur une théorie globale du cerveau. C'est le cas parce qu'on se heurte à la variabilité et à l'individualité extrêmes des cerveaux supérieurs, et à leur dépendance vis-à-vis des systèmes de valeur. On peut rendre compte de la variabilité par les principes du développement et de l'évolution. Ma seconde présupposition est fondée sur le fait d'admettre qu'on doit strictement obéir aux principes de la physique et que le monde défini par la physique est causalement fermé. Il ne comprend pas de forces fantomatiques contrevenant à la thermodynamique. Ma thèse, qui ne contredit pas la physique, est que les modèles mécaniques ou informatiques du cerveau et de l'esprit ne fonctionnent pas. Cependant, une fois abandonnées la logique et l'horloge, toutes deux nécessaires pour le fonctionnement des ordinateurs numériques, on doit trouver un principe d'organisation pour l'ordonnancement spatio-temporel et la continuité du cerveau. Ce principe, c'est incorporer le processus de réentrée.

Toutes ces idées sont subsumées au sein d'une théorie sélectionniste du fonctionnement cérébral, la TSGN. Selon cette théorie, la variance et l'individualité des cerveaux ne constituent pas une perturbation. Elles apportent au contraire une contribution nécessaire aux répertoires neuronaux composés de divers groupes de neurones. La coordination spatio-temporelle et le synchronisme s'expliquant par les interactions réentrantes entre ces répertoires, dont la composition est déterminée par la sélection par le développement et l'expérience. Les interactions associatives sont garanties par la dégénérescence des circuits neuraux qui apparaissent de façon dynamique par suite de ces processus sélectifs.

Une théorie de la conscience exige des principes d'organisation pour la catégorisation perceptive et la mémoire de valeur-catégorie. Selon la TSGN, la catégorisation perceptive a lieu grâce à des encartages globaux qui connectent diverses cartes modales par réentrée et les relient par des connexions non réentrantes aux systèmes de contrôle moteur. D'après la théorie, la mémoire n'est pas représentationnelle et elle est nécessairement associative par suite des interactions des réseaux dégénérés.

Maintenant que nous sommes munis des prémisses de la TSGN, nous pouvons formuler une théorie étendue pour traiter des origines neurales de la conscience. La conscience primaire est accompagnée d'interactions réentrantes entre des aires du cerveau médiatisant la mémoire de valeur-catégorie et celles qui médiatisent la catégorisation perceptive. La construction d'une scène résulte de ces interactions. La source principale de ces transactions est le noyau dynamique, fondé en grande partie sur le système thalamocortical. La complexité de ce noyau est extrême, mais, par suite de la réentrée dynamique, certains de ses états dégénérés métastables peuvent déclencher des sorties cohérentes et rendre capable de distinguer diverses combinaisons morales dans un espace de qualia multidimensionnel. Cette capacité discriminante au sein d'une scène unitaire est précisément ce que le processus sous-jacent à la conscience est censé être. Les qualia sont considérées comme des états conscients et *vice versa*, et elles résultent des processus présentés ci-dessus. Les propriétés individuelles, subjectives et privilégiées de la conscience apparaissent en partie parce que les systèmes corporels sont les sources précoces et dominantes de la catégorisation perceptive et des systèmes de mémoire tout au long de la vie.

La TSGN entend répondre à deux questions : 1) comment les qualia apparaissent chez un individu ?

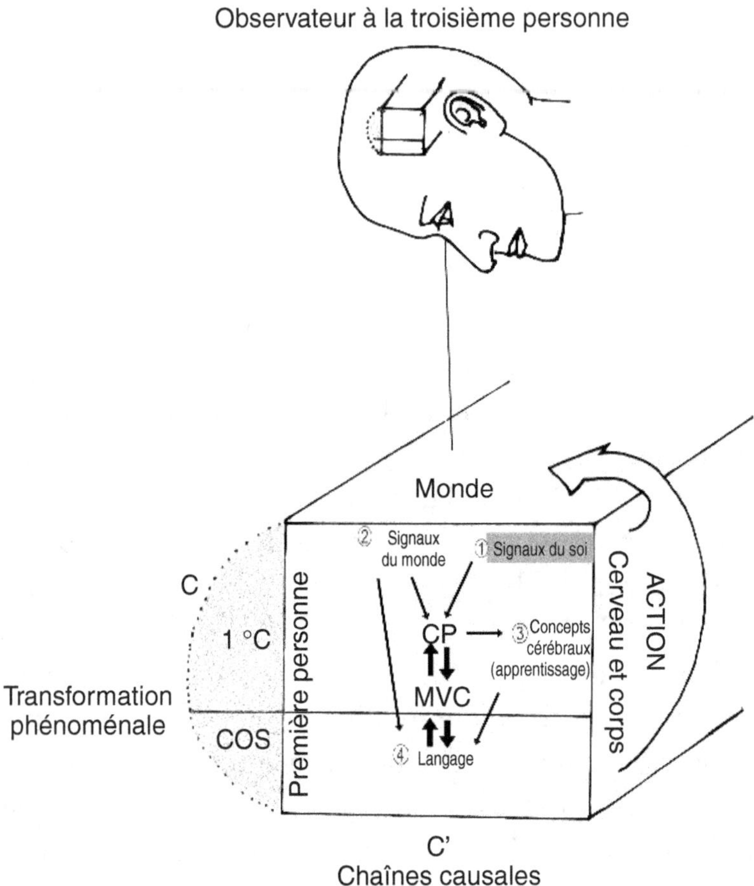

Figure 14.

Diagramme résumé des interactions causales du corps, du cerveau et de l'environnement qui donnent naissance à la conscience primaire et à la conscience d'ordre supérieur.

Les événements causals impliquent des signaux du soi et du monde qui donnent lieu à une action sur le monde et à une interaction avec d'autres événements causals dans le noyau dynamique (C'). Les propriétés correspondantes qui s'ensuivent

2) qu'est-ce qui est causal dans les états neuraux et mentaux survenant chez un individu ? La théorie étendue affirme qu'il existe un ensemble de processus neuraux C′ sous-jacents à n'importe quel état conscient C. Étant donné la nature strictement causale du monde, c'est C′ qui est causale, pas C. Mais, puisque c'est une propriété due à C′, C est la seule information accessible sur C′ à un sujet (voir figure 14). Il est essentiel d'admettre que, au sens strict, C′ ne cause pas C — il n'y a pas de décalage temporel dans l'expression de C par rapport aux occurrences de C′. Le mécanisme supposé par lequel C′ donne lieu à C, en tant que propriété, inclut cependant des changements temporels séquentiels qui découlent de la dynamique neurale. Ce mécanisme comporte aussi les propriétés des dynamiques qui découlent des événements liés entre des cartes corticales au cours de l'opération de réentrée. Ils comprennent le remplissage (comme on en fait l'expérience, par exemple, dans notre incapacité à voir la tache aveugle), ainsi que toute une gamme de phénomènes de gestalt. Toutes ces caractéristiques se reflètent dans la nature unitaire de chaque scène consciente. Pour autant, chacune de ces scènes conscientes est

(suite légende)

(C) sont les qualia, c'est-à-dire les distinctions qui constituent la transformation phénoménale, représentée par les aires en pointillé à gauche. Flèches épaisses : réentrée ; flèches minces : boucles causales. CP : catégorisation perceptive ; MVC : mémoire de valeur-catégorie ; 1°C : conscience primaire ; COS : conscience d'ordre supérieur.

suivie par une autre scène et par quantité d'états différenciés du noyau, du fait d'un goulot d'étranglement qui intervient dans le temps entre la mémoire et la perception.

La conscience d'ordre supérieur, qui permet à qui la possède d'être conscient d'être conscient, d'avoir un soi qui puisse être nommé et socialement défini, et d'avoir une idée du passé et de l'avenir, apparaît sous l'effet de l'évolution d'une capacité réentrante supplémentaire. Cela se produit lorsque les aires formant les concepts qui sont impliqués dans la conscience primaire sont liées par des circuits réentrants aux aires médiatisant la capacité sémantique. Présente chez les primates supérieurs, elle atteint son expression la plus développée chez les êtres humains, lesquels possèdent une véritable capacité linguistique. L'aptitude à relier des signes pour former un lexique au moyen d'une syntaxe accroît grandement l'éventail d'expression réentrante. Alors que la conscience d'ordre supérieur lorsqu'elle apparaît dépend encore de la conscience primaire, disposer de signes et de moyens de ce type permet à un individu de se libérer temporairement de ses liens avec le présent remémoré.

Ce condensé est cohérent avec les nombreuses importantes propriétés liées à l'état conscient. Plutôt que de développer cette description pour les inclure, il est plus intéressant de faire quelques brefs commentaires sur le caractère vérifiable de la TSGN et d'examiner ce qu'il en est de son pouvoir explicatif. Une théorie biologique de la conscience doit être vérifiable à toute une série de niveaux qui vont du moléculaire au comportemental. Les tests les plus efficaces porteraient d'abord et surtout sur la démonstration des corrélats neuraux de la conscience. Comme je l'ai dit plus haut, des expériences récentes menées à l'Institut des neurosciences, utilisant la magnéto-encéphalographie pour mesurer les réponses cérébrales des sujets humains lorsqu'ils deviennent conscients d'un objet visuel, nous ont fait découvrir ces corrélats. Le plus frappant dans les résultats de cette expérience était peut-être la découverte que l'activité réentrante augmente dans des aires dispersées du cortex lorsque les sujets rapportent qu'ils deviennent conscients d'un objet. Des expériences conduites dans d'autres laboratoires ont aussi petit à petit contribué à étendre nos connaissances des corrélats neuraux de la conscience.

En plus d'être vérifiable, une théorie correcte doit surtout favoriser la compréhension et donner une explica-tion des propriétés bien connues de l'état conscient. Ces propriétés se décomposent en trois catégories. Les diverses propriétés regroupées dans chaque catégorie sont reprises dans le tableau 1. J'examinerai chaque catégorie à son tour. Tout d'abord, j'examinerai les propriétés qui sont communes à chaque état conscient ; je les appellerai propriétés générales ou fondamentales. Deuxièmement, il existe des propriétés liées aux fonctions informationnelles de la conscience. Et, troisièmement, il y a les propriétés subjectives — elles sont liées aux sentiments et aux idées du soi.

Mon but ici est de montrer que la TSGN étendue, qui est résumée plus haut, est cohérente avec ces propriétés et qu'elle fournit une assise biologique à chacune d'entre elles. Je ne traiterai pas explicitement dans cette description de tous les détails d'états comme les croyances, les désirs, les émotions, les pensées, etc. qui sont dérivés des interactions entre ces propriétés. Une fois que j'aurai montré comment on peut rendre compte des diverses propriétés, il ne sera pas difficile de montrer les connexions qui existent avec les états composites que les philosophes appellent attitude propositionnelle.

Prenons d'abord les propriétés générales. Chaque état conscient est unitaire — on ne peut le diviser en parties distinctes lorsqu'on en fait l'expérience. À n'importe quel moment, la scène consciente a une unité. Il n'est pas possible, délibérément, voire avec extrêmement d'attention, de limiter la conscience à une composante particulière d'une scène à l'exclusion de toutes les autres. Cependant, nous pouvons faire l'expérience d'une myriade d'états et de scènes conscientes, et les états conscients se suivent selon un ordre temporel et séquentiel. La TSGN postule que le noyau dynamique réentrant peut précisément donner lieu à ces propriétés considérées comme formant un système complexe : celui-ci comporte des parties distinctes d'un point de vue fonctionnel, mais, sur de courtes périodes, elles peuvent s'intégrer de plus en plus. Les états du noyau se modifient les uns les autres au cours de périodes de quelques centaines de millisecondes lorsque différents circuits sont activés par l'environnement, le corps et le cerveau lui-même. Seuls certains de ces états sont stables ; c'est ainsi qu'ils deviennent

Tableau 1.

Les caractéristiques des états conscients.

Catégorie Générale, fondamentale
1 — Les états conscients sont unitaires, intégrés et construits par le cerveau.
2 — Ils peuvent être extrêmement divers et différenciés.
3 — Ils sont ordonnés dans le temps, séquentiels et modifiables.
4 — Ils reflètent une liaison de diverses modalités.
5 — Ce sont des propriétés construites, incluant gestalt, fermeture et des phénomènes de remplissement.
Catégorie Information et accessibilité
1 — Ils sont intentionnels, avec toute une gamme de contenus.
2 — Leur accessibilité et leur associativité sont très étendues.
3 — Ils ont un centre, une périphérie, un entourage et une frange.
4 — Ils sont sujets à des modulations dans l'attention, concentrée ou diffuse.
Catégorie Subjective
1 — Ils reflètent des sentiments subjectifs, des qualia, des phénomènes, des humeurs, du plaisir et du déplaisir.
2 — Ils sont concernés par la situation et l'emplacement dans le monde.
3 — Ils donnent naissance à des sentiments de familiarité ou de non-familiarité.

intégrés, et c'est cette intégration qui donne lieu à la propriété unitaire de C. Parce que le noyau assure des interactions réentrantes entre les entrées catégorielles de la perception et la mémoire de valeur-catégorie, tous deux en perpétuel changement, il change aussi. Les états quasi stables du noyau représentent la liaison de diverses modalités dans différentes régions du cortex, par suite des interactions réentrantes. Les états liés résultent d'ensembles dégénérés de circuits : la contribution de tous les groupes de neurones au sein d'un circuit donné est synchrone, mais une même sortie peut être issue de différents sous-ensembles de circuits qui se suivent les uns les autres de manière séquentielle et asynchrone. Les propriétés temporelles de la conscience dérivent de ces processus.

Ces activités neurales rendent compte des propriétés d'unité, d'intégration et de différenciation de C. Mais il est important de souligner aussi que, selon la TSGN, le cerveau doit nécessairement être constructeur. L'un des aspects de la propriété d'intégration des réseaux sélectifs réentrants est l'apparition de propriétés de remplissement et de gestalt. Les dynamiques réentrantes impliquent la dominance changeante entre et parmi les cartes corticales. De ce fait, et parce que les unités sélectives sont des groupes de neurones ayant différentes propriétés, des intégrations d'ordre supérieur peuvent apparaître, au sein desquelles une propriété peut en dominer ou en incorporer une autre. On peut le voir dans diverses illusions visuelles, auditives ou somato-sensorielles. Bien sûr, la création délibérée d'illusions par des spécialistes des neurosciences et des psychologues pour souligner certaines caractéristiques, par opposition au courant habituel plus équilibré de signaux provenant de l'environnement, a des chances de favoriser certaines cartes par rapport à d'autres dans l'économie réentrante. La conscience est elle-même un phénomène construit de façon interne. Je veux dire par là qu'alors même qu'au début l'entrée de perception est importante, très vite, le cerveau peut aller au-delà des informations qui lui sont données, voire, comme dans le sommeil paradoxal (*REM sleep*), créer des scènes conscientes sans entrées ni sorties vers le monde extérieur. Ces scènes sont médiatisées par les connexions réentrantes avec les parties du cerveau qui peuvent être engagées dans la perception et avec celles qui sont impliquées dans la formation de concepts.

Ces observations posent un important problème : comment les états C' qui se suivent les uns les autres de façon plus ou moins continue peuvent-ils donner lieu à la succession plus ou moins fluide des états C sans calage ni interruption ? Je ne peux que formuler une conjecture : la liaison des états C' implique des entrées réentrantes cycliques et concaténées. Ces interactions « en boucle » et qui se chevauchent seraient favorisées au détriment des circuits dynamiques connectés de façon linéaire, et même dégénérés (voir figure 15). Nous n'avons pas les moyens de vérifier aujourd'hui cette idée, mais il convient de la garder présente à l'esprit.

Certaines objections ont été soulevées contre l'hypothèse selon laquelle une scène unitaire « continue » ou

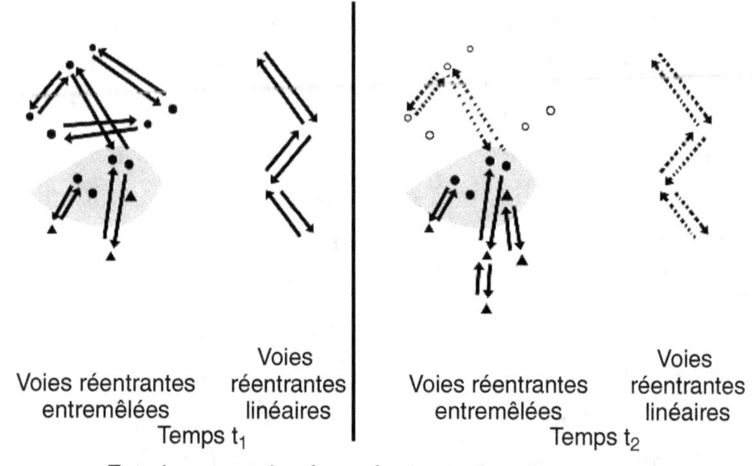

Figure 15.

Hypothèse de la dominance réentrante.
Les voies réentrantes cycliques ou concaténées ont plus de chances d'assurer l'activité courante que les voies linéaires. Les lignes hachurées indiquent une réduction ou un déficit de signalisation réentrante.

sans éléments pourrait apparaître dans la transformation phénoménale par suite de l'éveil discontinu de neurones discrets. Ces doutes se dissipent si on considère la distribution chevauchée de l'éveil d'un grand nombre de groupes de neurones dans le temps et dans l'espace. Surtout, par suite de la dynamique réentrante, la dominance concurrentielle de certains groupes de neurones et les contributions de la mémoire catégorielle, le cerveau tend en général à être constructeur. Le remplissage de la tache aveugle, les phénomènes de mouvement apparent et de gestalt peuvent tous s'expliquer en termes de synchronisme temporel dans les circuits réentrants. C'est vrai aussi du sens du temps, de la succession et de la durée. Le cerveau réentrant combine concepts et percepts avec la mémoire et les entrées nouvelles pour façonner à tout prix une image cohérente.

Nonobstant la nature unitaire et constructrice de l'état conscient, la scène consciente a dans le détail une richesse énorme. C'est en majeure partie attribuable à la richesse des signaux venus de l'environnement physique, qui sont filtrés par chaque modalité sensorielle et modulés par la mémoire. Le contenu réel d'une scène consciente dépend évidemment de la présence ou de l'absence d'un tel filtre. Une personne aveugle de naissance et dépourvue de l'aire corticale visuelle V4 ne saura jamais ce qu'est la couleur rouge. Et pourtant, du fait des entrées parallèles issues de l'environnement par l'ouïe, le toucher et le mouvement, un aveugle peut construire un « espace » pouvant servir utilement à signifier un grand nombre de fonctions et de comportements. En général, le contenu de conscience dépend du fait que certaines aires corticales au service de modalités spécifiques fonctionnent ou non normalement. L'expérience phénoménale d'une personne dépend de ces modalités, et, comme je l'ai souligné, l'aspect phénoménal de ces modalités ne peut être reproduit par une explication. Même une théorie précise de la conscience ne peut fournir à l'aveugle une expérience du rouge.

Tous ces facteurs rendent compte du caractère « irréductible » de la conscience et de l'état subjectif. Si certains estiment qu'il est nécessaire de « réduire » l'expérience consciente en l'identifiant à l'action neurale, cette réduction conduit à une erreur catégorielle. L'origine des qualia en tant que propriétés des processus neuraux ayant un pouvoir discriminant de haut niveau n'élimine pas l'expérience subjective qu'elles représentent.

Munis de cette description des bases des propriétés générales de la conscience, nous pouvons en venir à ce que j'ai appelé les propriétés informationnelles — qui donnent des informations reflétant les entrées et les sorties dans C'. La première d'entre elles est l'intentionnalité, terme introduit au XIXe siècle par le psychologue Brentano. C'est la propriété en vertu de laquelle la conscience est orientée vers ou porte sur des objets et des états de choses qui sont d'abord dans le monde. Dans tous les cas, ce terme ne se confond pas avec le fait d'« avoir une intention » — avoir une intention est intentionnel, mais l'« intentionnalité » renvoie à une gamme plus large d'états de référence. La TSGN étendue stipule que le développement initial des états de conscience dépend de l'interaction avec la catégorisation perceptive, laquelle est guidée par les systèmes de valeur. Dans la mesure où cet aspect fondamental du fonctionnement du cerveau supérieur dépend des entrées issues du monde et du cerveau par le biais des diverses modalités, il n'est pas étonnant que, dans les états conscients de perception et de mémoire, l'intentionnalité soit une propriété centrale. Il est cependant clair que tous les états conscients (l'humeur par exemple) ne sont pas intentionnels.

Un autre aspect de la nature informationnelle des états sous-jacents à la conscience est leur extraordinaire associativité et leur ouverture à la sensation, à la perception, à la mémoire, à l'imaginaire et à diverses combinaisons de tout cela. Le grand encartage du noyau dynamique réentrant qui est réparti dans le cortex correspond à cette propriété. Dans l'imaginaire, par exemple, la réentrée engage plus ou moins les mêmes ensembles de voies qui sont mobilisées par la perception visuelle primaire, ainsi que d'autres voies associatives. La propriété d'associativité vient de la réentrée et des interactions dégénérées entre les circuits thalamocorticaux qui constituent le noyau. La mémoire non représentationnelle a aussi des propriétés dégénérées qui permettent de riches associations avec tout un éventail de circuits en plus de ceux qui sont impliqués dans n'importe quel souvenir donné.

Les effets d'entourage et la frange qui apparaît au bord de la scène consciente accompagnent nécessairement les opérations du faisceau fonctionnel complexe sur lequel repose l'activité du noyau ; celles-ci sont influencées par les activités non conscientes dues aux circuits des ganglions de la base. Étant donné l'aptitude à changer rapidement et le caractère métastable des opérations du noyau, ainsi que la nature constructrice de la liaison réentrante associative, on peut s'attendre à des fluctuations au bord de la scène consciente. Prenons par exemple l'œil et ses mouvements. La rétine possède une région centrale à fort pouvoir discriminant (la fovéa), et l'œil lui-même se déplace par bonds rapides appelés saccades. Au cours de la vision, alors même qu'une scène apparaît assez uniforme jusqu'à la « frange », la discrimination fovéale centrale est certainement plus précise même si un individu n'en a pas directement conscience. Les saccades et les mouvements doux des yeux « peignent » une scène construite et plus uniforme par suite des divers échanges des états cérébraux entre précision et enveloppement qui se produisent lorsque le cerveau reçoit des signaux issus du nerf optique. Voilà un autre exemple de remplissement constructeur, qui doit connaître des variations sur ses bords.

Cela nous amène à la question complexe de l'attention, qui repose sur de multiples mécanismes, je crois. Ils vont des états relativement diffus de C qui résultent des états de C' médiatisés par les interactions corticocorticales aux états plus focalisés du noyau qui sont influencés par les circuits corticaux moteurs des ganglions de la base. Nous n'avons pas directement conscience de ces états moteurs « en blocs », mais la théorie suggère que c'est l'engagement du noyau dans des circuits dépourvus de sorties vers les muscles qui forme la base des états conscients d'attention les plus focalisés. Dans ces états focalisés, le noyau est modulé à un tel degré que tout se passe comme si l'on était profondément anesthésié à l'égard de tous les aspects d'une image, d'une scène ou d'une pensée, sauf celui auquel on prête une attention focalisée. On ne connaît pas le mécanisme exact par lequel se produit cette modulation. Il est possible que les sorties inhibitrices des encartages globaux vers le thalamus par le biais des ganglions de la base autorisent certaines réponses du noyau à apparaître aux dépens des autres. Les détails de ce phénomène restent à découvrir. En tout cas, il est probable que l'attention passe par toute une gamme de routes et de mécanismes divers. J'ai déjà évoqué les aspects interactifs de l'apprentissage attentif et de l'automaticité qui sont liés à la question de savoir comment des routines automatiques apprises précédemment par des moyens attentifs conscients sont rappelées et reliées ensemble consciemment. L'idée que ce serait dû à des interactions entre le noyau thalamocortical et les ganglions de la base (qui pourraient aussi engager le cervelet) exige encore une vérification.

J'en viens maintenant aux propriétés liées à la subjectivité. La transformation phénoménale de C' en C par les expériences catégorielles premières des perceptions corporelles est l'une des principales origines du sentiment subjectif et de l'idée de soi. J'ai dit que toute expérience consciente se compose de multiples qualia et qu'une seule et unique quale, le rouge par exemple, ne peut être l'unique aspect de l'expérience consciente. Selon la TSGN étendue, nous faisons l'expérience d'un espace de qualia multidimensionnel, et la conscience reflète notre aptitude à effectuer des discriminations d'ordre supérieur au sein de cet espace. Évidemment, différentes modalités sensorielles donnent lieu à différentes aptitudes discriminantes. Leur contenu dépend en particulier de la gamme des interactions corticales du noyau dynamique qui est modulée par l'attention. Cela traduit la propriété unitaire de la scène consciente et son aptitude à la différenciation.

La question se pose du rôle central continu du soi *via* la contribution du corps, de l'environnement et de la mémoire. Deux contributions semblent fondamentales. L'une est la transformation phénoménale sur laquelle agissent les diverses modalités et auparavant les systèmes de valeur, les réponses automatiques et la proprioception. Ces systèmes, très concernés par la régulation du corps, doivent continuer à opérer tout au long de la vie parallèlement à d'autres entrées issues des modalités sensorielles.

La contribution phénoménale de la référence au soi est favorisée par une deuxième contribution — la notion piagétienne de soi —, à savoir la distinction entre les mouvements dirigés engendrés de l'intérieur et les déplacements induits par des sources extérieures. Cette discrimination doit en réalité avoir son origine *in utero* dans les états tardifs du fœtus, mais elle apparaît certainement au début du développement postnatal. Elle fournit une référence pour distinguer le soi du non-soi grâce à des entrées kynesthésiques qui agissent en plus et séparément des apports sensoriels explicites de l'espace des qualia.

Une troisième forme d'autodiscrimination doit apparaître plus tard au cours du développement, en tant que propriété de la conscience d'ordre supérieur. C'est le processus conscient d'individuation — la reconnaissance d'autres soi et d'autres esprits. La TSGN rend compte sans difficulté de ce dernier processus en termes de connexion entre émotions, sentiments et influences sociales sur le développement du soi, du moins pour les espèces pourvues d'une sémantique.

Bien avant ces développements sociaux, l'origine du sens de la situation et de la familiarité peut être reliée aux aspects à la fois phénoménaux et moteurs volontaires du développement du soi. Bien sûr, il nous reste encore beaucoup à apprendre sur les mécanismes détaillés sous-jacents à la catégorisation perceptive des états du corps. Il est toutefois déjà clair que les systèmes de mémoire, qui interagissent avec les entrées internes, issues des divers systèmes régulateurs du corps, peuvent rendre ces catégorisations omniprésentes. Surtout, les réponses émotionnelles interagissant avec les systèmes de valeur et les fonctions homéostatiques du cerveau jouent un rôle clé à la fois dans la conscience primaire et dans la conscience supérieure.

Enfin, s'agissant des entrées du tableau 1, quelques points supplémentaires doivent être soulignés. Alors qu'on ne peut se passer des propriétés fondamentales et générales de la conscience, l'apport de chaque propriété informationnelle et subjective a différents degrés. Ces variations sont liées aux altérations des systèmes de valeur, aux expériences d'apprentissage, aux émotions et aux fluctuations dans les mécanismes d'attention. Bien sûr, ces variations dans les propriétés de la conscience en fonction de l'expérience peuvent beaucoup dépendre des entrées dans le noyau dynamique.

À partir de ces mélanges et de ces interactions très variées entre les propriétés présentées dans le tableau 1, il n'est guère difficile d'imaginer comment on peut discerner les origines des états mentaux complexes que sont les croyances, les désirs et les réponses émotionnelles. Vu l'expérience et l'existence de talents linguistiques, il n'est peut-être pas exagéré d'imaginer comment même la pensée logique pourrait être dérivée de leurs interactions pendant l'expérience. Il reste à voir comment ces connexions s'établissent intimement. Le sujet à aborder maintenant est le fait que la conscience et ses états C' sous-jacents sont centraux à toutes les expressions complexes, rationnelles comme irrationnelles.

Chapitre 11

L'identité :

LE SOI, LA MORTALITÉ ET LES VALEURS

En plus de fournir une analyse de la causalité et de la transformation phénoménale, une théorie de la conscience doit rendre compte de la subjectivité. Ce n'est pas le fait d'être seul ou unique ni l'individualité. C'est celui de posséder une histoire consciente unique dont les états neuraux sous-jacents sont capables d'effectuer des discriminations raffinées qui affectent le comportement en même temps qu'ils donnent lieu à des sentiments subjectifs.

Vu la nature de son patrimoine et sa sélection évolutive, chaque organisme multicellulaire peut être considéré comme une identité biologique unique. Chez les animaux pourvus d'un système immunitaire adaptatif, cette identité est essentielle à la survie. Mais, avant que les systèmes cognitifs et la conscience n'apparaissent au cours de l'évolution, l'activité d'un soi se comportant librement, moyennant des comportements idiosyncrasiques très variés, était limitée quoique impressionnante. Il est vrai que les systèmes d'apprentissage et de communication sont apparus au cours de l'évolution bien avant la conscience primaire. Par exemple, des organismes comme les abeilles ou les guêpes ont des comportements de groupe remarquablement adaptables qui dépendent à un certain degré de la variation individuelle. Mais ce que cela donne dans les groupes comme les insectes sociaux est moins autonome et plus statistique que le comportement des animaux conscients individuels.

Nous ne savons pas à quel moment de l'histoire de l'évolution la conscience primaire est apparue pour la première fois. Cependant, en comparant les structures neurales similaires requises pour son expression chez les humains et les autres vertébrés (par exemple, un système thalamocortical et des systèmes de valeur ascendants, ainsi que certaines structures comportementales), on peut avancer une conjecture qui se tient : la conscience primaire serait apparue chez les vertébrés d'abord à la transition entre les reptiles et les oiseaux, puis lors de la transition entre reptiles et mammifères.

L'aptitude à construire une scène liée à l'histoire des valeurs-catégories d'un individu marque l'apparition d'un soi. Un organisme doté d'un soi peut effectuer de riches discriminations fondées sur l'histoire de son apprentissage passé et il peut recourir à la conscience pour former des plans, du moins pendant la période représentée par le présent remémoré. L'intégration complexe du noyau dynamique, modulée par l'histoire comportementale et les souvenirs des événements d'apprentissage individuels, donne lieu au comportement adaptatif nécessairement idiosyncrasique à cet organisme individuel.

Le fondement des réponses émotionnelles individuelles repose sur des systèmes de valeur comme le locus ceruleus, le noyau raphé, les systèmes cholinergiques et dopaminergiques, et plusieurs systèmes hypothalamiques. D'autres systèmes autonomes et les noyaux du tronc cérébral qui contrôlent les réponses corporelles constituent aussi la base essentielle des activités homéostatique, cardio-respiratoire et hormonale qui modulent l'émotion. Outre les signaux envoyés par ces systèmes autorégulateurs essentiels du cerveau, il existe aussi des réponses proprioceptives et kynesthésiques accompagnant divers mouvements. Un individu doté d'une conscience primaire naissante reçoit déjà des « entrées du soi » de ces systèmes de contrôle moteur. Comme je l'ai déjà mentionné, il se pourrait même qu'un fœtus se mouvant de façon spontanée à la fin de son développement distingue les entrées cérébrales issues des mouvements corporels auto-engendrés et ceux qui sont engendrés par les mouvements induits de l'extérieur. Assez de données soutiennent l'idée que les entrées issues des systèmes de valeur et des systèmes proprioceptifs peuvent se combiner avec les entrées sensorielles modales pour déclencher certaines des premières expériences conscientes. Il est probable que ces systèmes adaptatifs fondamentaux restent centraux pour le reste de la vie consciente d'un individu, quelles que soient les qualia supplémentaires qui se développent au cours de l'expérience.

Si c'est le cas, le soi individuel a nécessairement un « point de vue » qui, étant donné l'activité du noyau dynamique, est intégré et en général permanent. Ainsi, si on se demande si l'apparition d'une scène dans la conscience primaire a un « témoin », la réponse est probablement que le témoin est constitué de façon permanente par les réponses corporelles intégrées qui ont été envisagées plus haut, dès lors qu'elles sont liées à celles de la mémoire et aux entrées perceptives. L'idée d'un « témoin » est toutefois incorrecte : la première personne est simplement présente. Vu les signaux sensorimoteurs qui viennent continûment du corps, la subjectivité est un événement de base qui ne s'interrompt jamais dans la vie normale des individus conscients. Un observateur intérieur ou un « Je central » n'est pas nécessaire — comme le disait James, « les pensées sont les penseurs ».

Bien sûr, chez les animaux dépourvus d'aptitudes linguistiques, la conscience d'ordre supérieur ne peut être présente. Un soi dérivé de la conscience primaire ne peut symboliser ses états de mémoire, ni devenir vraiment conscient de soi ou conscient d'être conscient. Lorsque les circuits réentrants indispensables ont évolué chez les primates supérieurs et finalement chez *Homo sapiens*, un concept du soi est apparu avec les concepts du passé et du futur. Bien qu'en tant qu'êtres humains conscients nous fassions l'expérience de l'illusion héraclitéenne nous donnant l'impression qu'un point du présent avance du passé vers le futur, un peu de réflexion montre qu'un couplage effectif avec l'espace-temps physique ne peut se produire que dans le « présent remémoré » de la conscience primaire. Pour un animal doté d'une conscience d'ordre supérieur, le passé et le futur sont des constructions conceptuelles.

Il faut éviter la tentation consistant à découper et à surdéfinir les états mentaux et les représentations. La conscience d'ordre supérieur, qui est reflétée par les qualia dans un espace multidimensionnel et qui est intégrée pour créer une scène ayant un centre focal, des franges changeantes et des modifications permanentes, ne peut jamais se réduire à une instance précise. On ne peut par exemple être conscient seulement d'une tache rouge et de rien d'autre. L'intégration constructrice qui donne lieu à une représentation unitaire incorporant de nombreuses distinctions a davantage de signification adaptative pour l'individu que n'importe quelle désignation ou instance limitée, même si elle est précise.

Ainsi, ces discriminations multidimensionnelles et situées ont une valeur adaptative. Ce qu'elles perdent en précision absolue, elles le gagnent pour augmenter notre aptitude à généraliser, à imaginer et à communiquer dans un environnement riche. La conscience d'ordre supérieur peut être considérée comme un troc entre précision absolue et possibilités imaginatives riches. Bien que notre scène consciente unitaire ne soit pas nécessairement véridique, pour les besoins de la planification et de la formation de scénarios créatifs, elle gagne en puissance là où elle perd en précision. Je ne crois pas que ce soit secondaire. La présence constante de la dégénérescence dans les systèmes biologiques est particulièrement notable dans les systèmes neuraux, et elle existe à un haut degré dans les circuits sélectifs réentrants du cerveau conscient. En certaines circonstances, les langues naturelles gagnent en force du fait de leur ambiguïté, de même qu'elles profitent, dans d'autres, de la puissance de la définition logique.

Ce qui est particulièrement étonnant dans les opérations du cerveau humain conscient, c'est la nécessité de l'intégration d'une image unitaire, d'une construction et d'une fermeture. Cela s'exprime dans le fait que nous oublions la tache aveugle de diverses illusions visuelles, somato-sensorielles et auditives, et, ce qui est particulièrement frappant, dans les syndromes neurophysiologiques. Le patient souffrant d'anosognosie et d'héminégligence qui nie posséder une main et un bras gauches paralysés, le patient souffrant de somatoparaphrénie qui tient à ce que toucher sa main gauche anesthésiée et paralysée soit toucher la main de sa sœur qui n'est pas sur lui, ou encore le patient affecté du syndrome de la main d'un autre — aucun de ces individus n'est psychotique, même si, à certains égards, rien ne se vérifie dans leurs propos. Le cerveau conscient, en bonne santé et malade, intègre ce qui peut être intégré et résiste à une vision brisée ou fractionnée de la « réalité ». Je crois que ces phénomènes reflètent le caractère indispensable des circuits réentrants globaux pour former des cycles clos quelles que soient les aires et les cartes cérébrales à intégrer. On peut induire des illusions chez des personnes normales en manipulant les signaux du monde et du corps. Comme je l'ai déjà dit, je crois que ces illusions reflètent les modifications survenant dans les structures de dominance entre les cartes réentrantes interactives. La leçon qu'il faut retenir, c'est que notre corps, notre cerveau et notre conscience n'ont pas évolué pour créer une image scientifique du monde. Une adaptation suffisante à une niche écologique est ce qui compte surtout, malgré la présence d'émotions et d'imaginations qui pourraient ne pas être pertinentes ou accessibles à une description précise à la troisième personne.

Chez les animaux dotés d'une conscience d'ordre supérieur tel que nous, ces opérations procurent un riche mélange d'images, de sentiments, de souvenirs, de plaisir et de déplaisir, de croyances et d'intentions — tous les états intentionnels, ainsi que ceux des humeurs. Jamais deux soi socialement définis (nécessairement définis socialement dans une communauté de parole) n'auront des états cérébraux identiques — les états C' qui déclenchent les états C. Mais ces individus peuvent échanger des informations même sur la base de la croyance erronée selon laquelle leurs états C' ont un caractère causal. Cette croyance est salubre, même si elle est scientifiquement fausse, car l'évolution a établi des circuits réentrants pour déclencher les états C, en tant que propriétés des états C'. Les états C sont les seuls moyens fiables pour avoir accès à nos états C'.

Cette conception n'est pas paradoxale. Elle n'est pas non plus dualiste. Ce n'est pas non plus de l'épiphénoménologie, position qui a tant gêné les philosophes physicalistes. Les états C sont nécessairement déclenchés par les états C', et le soi a accès aux conséquences causales des états C' par le biais des états C. Il faudra beaucoup de temps pour que la neurophysiologie, par enregistrement direct, soit assez avancée pour prédire le prochain état C' (ou état C, en l'occurrence) partout de façon déterminée. Pour autant, moyennant d'autres expérimentations, les grandes structures des états C' qui sont les corrélats neuraux de la conscience continueront à être découvertes.

Si cette description fondée sur le cerveau de la façon dont apparaît le soi s'avère correcte, il s'ensuit une bien triste conséquence : nous sommes mortels. Une fois que le substrat des états C est dissous, le soi, qui est un processus dynamique, cesse d'exister. Certains trouveront cette conclusion déplaisante, de même que d'autres trouvent horrible l'idée que nous ne soyons pas des ordinateurs. La conscience d'ordre supérieur permet sans doute d'avoir des croyances contraires aux faits. À chacun de trouver sa propre consolation. Quelque système de croyance qu'on épouse, la richesse des expériences individuelles pendant notre vie n'en est pas moins précieuse et irremplaçable.

Une remarque finale, qui n'est pas sans rapport avec notre besoin d'immortalité ou sa perte. Elle concerne la place des valeurs dans un monde de faits. Les images que la science donne du monde sur la base de la généralité de la physique n'ont nul besoin de valeurs ni ne démontrent l'existence de celles-ci dans l'univers inanimé. Si l'image que nous avons des organismes conscients et de l'évolution est correcte, les systèmes de valeur sont des contraintes nécessaires pour la sélection de l'évolution et pour la sélection des groupes de neurones chez les animaux munis de cerveaux supérieurs. Cela ne signifie toutefois pas que les valeurs sociales supérieures soient spécifiées génétiquement. Cela veut plutôt dire que ces valeurs apparaissent sous l'effet des contraintes pesant sur les systèmes adaptatifs, en particulier ceux des individus conscients. Si ces valeurs ont une base biologique, ce n'est qu'en vertu de l'histoire et de l'échange social que nous autres humains pouvons nous appuyer sur ces valeurs pour créer des droits. Sur une planète au moins dans l'univers, l'apparition sous l'effet de l'évolution du noyau dynamique réentrant et de ses états C' a donné une place à des valeurs dans un monde de faits. D'un point de vue causal, l'inverse est vrai aussi — ce n'est que par suite des systèmes de valeur présents dans un cerveau sélectif que peuvent apparaître les bases du don phénoménal de la conscience.

Chapitre 12

Le corps et l'esprit :
QUELQUES CONSÉQUENCES

Beaucoup de confusions quant au problème de l'esprit et du corps ont une origine linguistique. D'autres sont liées à une mécompréhension des procédures que nous devons adapter pour étudier la conscience. À la différence de la physique, qui suppose la conscience et la perception, et qui prend le point de vue de Dieu, l'étude de la conscience doit admettre le point de vue à la première personne, le point de vue subjectif. En tant qu'observateur à la troisième personne étudiant la conscience d'une autre personne, je dois *supposer* que cette personne a des processus mentaux semblables aux miens. Je dois alors construire diverses procédures expérimentales pour vérifier ce que rapporte ce sujet et rechercher de la cohérence dans ses réponses neurales ou psychologiques.

Une théorie de la conscience fondée sur ces efforts ne doit pas entrer en conflit avec les lois connues de la physique, de la chimie ou de la biologie. Plus précisément, elle doit admettre le fait que le monde physique est causalement fermé — seules des forces et des énergies peuvent avoir un effet causal. La conscience est une propriété des processus neuraux et ne peut elle-même agir de façon causale dans le monde. En tant que processus et en tant que propriété, elle est apparue au cours de l'évolution de réseaux neuraux complexes pour adopter une forme spécifique de structure et de dynamique. Avant que la conscience ne puisse émerger, certains dispositifs neuraux ont dû évoluer. Ces dispositifs ont donné lieu à des interactions réentrantes, et c'est la dynamique des réseaux réentrants qui fournit les bases causales suscitant les propriétés conscientes. Ces réseaux ont été choisis au cours de l'évolution parce qu'ils procuraient aux animaux l'aptitude à effectuer des discriminations de niveau supérieur, aptitude qui leur a conféré des avantages adaptatifs pour traiter la nouveauté et pour planifier.

La conscience reflète l'aptitude à réaliser des distinctions ou des discriminations au sein de vastes ensembles de choix possibles. Ces distinctions sont faites en quelques fractions de seconde et elles changent considérablement. En tant que série d'expériences phénoménales, la conscience est nécessairement privée — elle est liée au corps et au cerveau d'un individu, ainsi qu'à l'histoire de ses interactions avec l'environnement. Cette histoire est unique — deux individus différents d'une même espèce, même des jumeaux, ne peuvent exactement partager le même état de conscience. La probabilité pour que deux états conscients quelconques soient identiques, même chez un seul individu, est infinitésimale. Alors qu'aucun changement mental ne peut se produire sans changement neural sous-jacent, l'inverse n'est pas nécessairement vrai. De nombreux changements neuraux n'ont aucun effet sur le caractère phénoménal de l'état conscient tel qu'il se reflète dans des qualia.

Les qualia sont des distinctions de niveau supérieur, et les scènes de la conscience peuvent être considérées comme une série de qualia. On fait l'expérience de cette série sur un grand nombre d'événements correspondant à des signaux émis par le monde, le corps et le cerveau lui-même. La multiplicité et le parallélisme potentiel de ces événements sont très forts, et les qualia incluses dans une scène intégrée mais changeante recouvrent une vaste gamme d'expériences. Elles comprennent des perceptions, des images, des souvenirs, des sensations, des émotions, des humeurs, des pensées, des croyances, des désirs, des intentions, des scénarios moteurs et des signaux riches — quoique vagues — renseignant sur les états du corps. Ces diverses expériences peuvent tout d'abord sembler trop disparates pour se laisser embrasser par les mécanismes dont on postule ici qu'ils font émerger la conscience. Il faut cependant se rappeler que, dans un système hautement complexe comme le cerveau, l'intégration des inter-actions combinatoires des aires corticales et sous-corticales peut donner un nombre formidable d'états.

Le fonctionnement du noyau dynamique réentrant, dans la conscience primaire comme dans la conscience d'ordre supérieur, peut être modulé par les mécanismes cérébraux sous-jacents à l'attention focalisée et à la mémoire. Des structures sous-corticales comme le thalamus et les ganglions de la base peuvent médiatiser un rétrécissement attentionnel des états du noyau. En ce sens, les états de conscience dépendent aussi fortement des mécanismes non conscients de l'attention que des mécanismes non conscients de la catégorisation perceptive.

Dans la mesure où la conscience résulte de la réentrée agissant dans le noyau dynamique, elle est nécessairement intégrée par cette réentrée. Pour le sujet, la conscience semble être un processus unitaire, et, du fait de la liaison et du synchronisme qui résultent de la réentrée, le cerveau est constructeur.

Cependant, comme je l'ai mentionné, certains syndromes créant des états de conscience aberrants peuvent dériver d'altérations survenant dans le noyau et de ses interactions avec les substrats non conscients. Dans ces états pathologiques, voire dans les états induits comme ceux de la transe hypnotique, le noyau peut se diviser en un petit nombre de noyaux distincts ou même être remodelé de façon constructive. Une division définitive du noyau a lieu dans les syndromes de déconnexion résultant du fait de sectionner le corps calleux et la commissure antérieure. Il est probable aussi que ce soit un des principaux fondements de syndromes de dissociation comme l'hystérie. Un remodelage du noyau peut se produire dans des syndromes neuropsychologiques comme la vision aveugle, la prospagnosie, l'héminégligence et l'anosognosie. Dans ces syndromes, il est probable que les réactions réentrantes dominantes du noyau soient redistribuées de façon constructive, ce qui se traduit par une réallocation des capacités conscientes et non conscientes.

Dans les états normaux et anormaux, le cerveau d'un individu qui fait une expérience se tourne continuellement vers les signaux issus du corps et de l'environnement, et plus encore vers ceux qui viennent de lui-même. Que ce soit dans les rêves qui ont lieu pendant le sommeil paradoxal (*REM sleep*), dans l'imagination ou même dans la catégorisation perceptive, une grande diversité de processus sensoriels, moteurs et conceptuels de haut niveau entre en jeu constamment. Vu les mécanismes sous-jacents à la mémoire et à la conscience, des éléments sensoriels et moteurs sont toujours engagés. Par exemple, dans la perception, une contribution des éléments moteurs intervient — sans action —, et elle est dérivée de la contribution prémotrice des encartages globaux. Dans l'imagination visuelle, les mêmes circuits réentrants qui servent à la perception directe sont réengagés, mais sans les contraintes plus précises fournies par les signaux issus de l'extérieur. Dans le sommeil paradoxal, le cerveau se parle vraiment à lui-même dans un état de conscience spécial — qui n'est contraint ni par les entrées sensorielles de l'extérieur, ni par les tâches requises par les sorties motrices.

Au cours de tous ces processus, la conscience primaire est continuellement liée au changement temporel. Elle a une structure diachronique et est nécessairement historique. Cependant, la conscience primaire n'est liée qu'aux intervalles successifs du temps présent — le présent remémoré. Le décalage pouvant aller jusqu'à cinq cents millisecondes entre l'action intentionnelle, la réponse neurale et la conscience n'est pas un paradoxe si on comprend bien la relation qui existe entre l'automatisme non conscient et la planification consciente. La conscience n'est pas impliquée dans les processus moteurs automatiques (sauf durant l'apprentissage conduisant à l'automatisme), mais elle est liée à la planification et à la création de nouvelles combinaisons de routines déjà automatiques.

J'écrivais dans la préface de ce petit livre que mon espoir est de battre en brèche ceux qui croient que le sujet conscient est exclusivement métaphysique ou nécessairement mystérieux. Débarrasser les études sur la conscience du dualisme, du mysticisme, des projections paranormales, ainsi que de l'invocation de propriétés mal définies à différentes échelles matérielles, la gravité quantique par exemple, est une tâche herculéenne. Une partie seulement de cette tâche relève d'un travail sur le langage. Dans le présent exposé, je dois par exemple répondre de l'accusation selon laquelle je céderais aux paradoxes de l'épiphénoménisme. Cette conception, cousine du dualisme et qui légitime l'idée de « zombie », doit être réexaminée. Je crois que les difficultés qu'elle soulève viennent de son échec à aborder les corrélats neuraux des propriétés de la conscience. Dans la mesure où le processus neural C' qui crée la conscience C est causal et fiable, nous ne sommes pas confrontés à un paradoxe. C' sous-tend l'aptitude à effectuer des distinctions dans un domaine complexe, et les états C, c'est-à-dire les propriétés créées par C', *sont* ces distinctions.

C'est cette relation qui nous permet de parler de C *comme si* elle était causale. Dans la plupart des situations, ce n'est pas dangereux, vu la fiabilité de cette relation. Ce n'est que lorsque nous sommes tentés d'abroger les lois de la physique ou d'accorder à C des pouvoirs mystiques que cette procédure est hasardeuse. La relation de déclenchement entre C' et C clarifie le problème et nous aide à définir les qualia comme étant des discriminations de niveau supérieur ayant des bases neurales distinctes et spécifiques. Un zombie sans conscience, dès lors, est une impossibilité logique — s'il possédait les processus C', ceux-ci déclencheraient nécessairement C. Bien sûr, j'ai bien conscience du fait que la clarification introduite par cette analyse demande à être prouvée par des expériences réelles portant sur la relation entre C' et C. Mais, de même que la constante de proportionnalité de la masse dans l'équation $F = mA$ et le présupposé de la constance de la vélocité de la lumière dans le vide, les analyses à venir nous promettent une simplification et une coordination d'un problème qui représente l'un des plus grands défis de la science.

Inutile de le dire, j'ai bien conscience que certains espèrent qu'une telle analyse explique le « sentiment réel d'une quale » — la chaleur du chaud, la verdeur du vert. Ma réponse est la même : ce sont des propriétés du phénotype, et tout phénotype conscient fait l'expérience de ses propres qualia parce que ces dernières *sont* les distinctions qu'il effectue. Il suffit d'expliquer les bases de ces distinctions — de même qu'il suffit en physique de rendre compte de la matière et de l'énergie, et non d'expliquer pourquoi il y a quelque chose plutôt que rien. Et cela, notre théorie le peut en mettant en lumière les différences dans les structures et la dynamique neurales qui sous-tendent différentes modalités et fonctions cérébrales.

Je voudrais enfin m'autoriser quelques remarques générales. La conception que j'ai adoptée insiste sur les propriétés constructrices, irréversibles, variables et pourtant créatrices du cerveau. Ces propriétés, on peut les expliquer en se fondant sur une théorie sélective du fonctionnement du cerveau comme le darwinisme neural. Cette théorie s'oppose à toute réduction simpliste des événements historiques dans la mesure où elle est fondée sur le raisonnement en termes de population et sur l'évolution darwinienne. Surtout, il convient de souligner que l'apparition de C en tant que propriété déclenchée par C' ne contredit pas les jugements esthétiques ou éthiques dans la mesure où les contraintes de systèmes conscients comme C' dépendent en fin de compte des systèmes de valeur.

Dans la lignée de ces réflexions, j'ai suggéré plus haut qu'il existe deux principaux modes de pensée — la logique et le sélectionnisme (ou reconnaissance de structures).

Tous deux sont puissants, mais c'est la reconnaissance de structures qui peut donner lieu à la création, par exemple le choix d'axiomes en mathématiques. Alors que la logique peut prouver des théorèmes quand ils se concrétisent dans des ordinateurs, elle ne peut à elle seule choisir des axiomes. Même si elle ne peut créer d'axiomes, elle est utile pour modérer les excès de la formation créative de structures. Parce que le cerveau peut fonctionner par reconnaissance de structures avant même le langage, son activité peut susciter ce qu'on pourrait appeler des capacités « prémétaphoriques ». La puissance de ces aptitudes analogiques, en particulier quand finalement elles sont traduites dans le langage, repose sur l'associativité résultant de la dégénérescence des réseaux neuraux. Les produits des aptitudes métaphoriques qui s'ensuivent, lesquels sont nécessairement ambigus, peuvent être très créatifs. Comme je l'ai souligné, on peut recourir à la logique pour modérer les effets de ces produits, mais elle ne peut elle-même être créative au même degré. Si le sélectionnisme est la maîtresse de notre pensée, la logique est sa femme au foyer. L'expérience consciente fournit un échantillon de l'équilibre entre ces deux modes de pensée et des richesses infinies de leurs substrats neuraux sousjacents. Même si, un jour, nous sommes capables d'enchâsser ces deux modes dans la construction d'un artefact concret et ainsi de développer notre compréhension, les formes particulières de la conscience que nous possédons en tant qu'êtres humains ne seront pas reproductibles et continueront à être notre plus grand don.

Glossaire

Aire de Broca : aire située dans le lobe frontal gauche qui, si elle est endommagée, suscite des difficultés pour produire de la parole ou une aphasie motrice.

Aire de Wernicke : partie postérieure du gyrus temporal supérieur (aire 22), qui, si elle est endommagée, peut donner lieu à l'incapacité de produire des paroles pourvues de sens ou d'en comprendre — ce qu'on appelle l'aphasie de Wernicke. Voir aussi *Aire de Broca*.

Aires associées : régions du cortex qui ne contiennent pas d'aires sensorielles ou motrices primaires.

Aires préfrontale, pariétale, temporale, visuelle, auditive, somato-sensorielle, motrice : régions du cortex cérébral médiatisant un ou plusieurs aspects des réponses sensorielles ou motrices. Ces aires sont dites primaires si elles sont les premières à recevoir des projections du thalamus.

Anosognosie : syndrome qui se caractérise par le fait que le patient nie sa maladie ou est inconscient de son existence. On le voit en particulier chez des patients ayant eu une attaque affectant leur hémisphère cortical droit.

Aphasie : handicap ou perte de la capacité à produire ou à comprendre le langage à la suite d'un accident au cerveau.

Associativité : propriété qui connecte ou corrèle diverses régions, fonctions ou mémoires.

Atomisme logique : conception introduite par Bertrand Russell et Ludwig Wittgenstein, selon laquelle les esprits peuvent être reconstruits à partir de sensations et d'images ; en reconstruisant tout à partir d'entités plus simples, nous aurions une description complète de ce qui est le cas. Wittgenstein a rejeté cette conception à la fin de sa vie.

Attention focalisée : état au cours duquel l'attention est fortement dirigée vers un seul objet, une seule pensée ou une seule expérience.

Attention : aptitude à sélectionner consciemment certaines caractéristiques dans un large éventail de signaux sensoriels présentés au cerveau.

Attitudes propositionnelles : terme philosophique désignant des croyances, des désirs et des intentions.

Automatisme : conversion du comportement après un renforcement conscient en routines comportementales non conscientes. Se reflète dans certains aspects de la *mémoire procédurale*.

Axone : structurellement, processus neuronal développé qui transporte des potentiels d'action dans une synapse.

Bipédie : position redressée dans laquelle les membres inférieurs portent le poids et assurent la marche, libérant ainsi les membres supérieurs de ces fonctions.

Boucles inhibitrices : neurones reliés par des synapses inhibitrices et connectés en boucles. Les ganglions de la base en représentent l'exemple classique : leurs boucles polysynaptiques peuvent être inhibitrices ou inhiber l'inhibition (désinhibition).

Boucles réentrantes concaténées : structures réentrantes qui forment des cycles se chevauchant les uns les autres.

Boucles sensori-motrices : connexions entre les signaux entrants et les activités motrices, comme dans l'*encartage global*.

Bruit : utilisé en électronique et dans la théorie de l'information pour désigner des perturbations aléatoires ou non corrélées à un signal.

C et C' : C désigne tout processus conscient ; C' désigne l'activité neurale sous-jacente.

Canal : structure moléculaire (protéine) située dans la membrane cellulaire et qui permet aux ions de passer d'un côté à l'autre.

Cartes : les cartes du cerveau sont topographiques ou non topographiques, selon qu'elles conservent ou non les relations géométriques de leurs parties voisines. Dans le premier cas, le terme désigne les projections de plusieurs cellules d'un voisinage à un autre — d'un point à une aire ou d'une aire à l'autre. Exemple type : les cartes rétinales du thalamus qui encartent en retour l'aire corticale V1. La réentrée existant entre des cartes qui ont différentes fonctions les relie pour former des structures intégrées dynamiques.

Catégorisation perceptive : processus par lequel le cerveau « découpe le monde » pour produire des catégories adaptatives. Les premières fonctions cognitives les plus fondamentales.

Causalité : selon les lois de la physique, l'ordre des causes est clos — il ne peut être directement affecté par des propriétés mentales comme les *qualia*.

Cellules précurseurs : cellules du cerveau capables de donner naissance à des neurones. On en voit dans les régions olfactives et dans la région de l'hippocampe chez l'adulte.

Cervelet : grosse structure attachée au tronc cérébral et contribuant à la coordination de l'activité motrice.

Chorée de Huntington : maladie héréditaire impliquant la dégénérescence du noyau caudé et du putamen, dans les ganglions de la base. Elle donne lieu à des mouvements involontaires incessants (chorée), à une démence progressive et finalement à la mort.

Clone : rejeton asexué d'une seule et unique cellule.

Code génétique : ensemble de règles en vertu desquelles des séquences d'ADN codent des séquences d'aminoacides pour des protéines. Le code consiste en triplets qui ne se recoupent pas (par exemple, AUG pour la méthionine et UUU pour la phénylalanine). Il y a soixante-quatre triplets, ou codons, et vingt acides aminés. Le code est donc dégénéré (voir *Dégénérescence*).

Cohérence : activité synchrone ou simultanée de collections éloignées de neurones ou autres agents.

Combinatoire : opérations mathématiques décrivant de façon quantitative les diverses interactions de différents systèmes ou parties.

Communauté de parole : groupe d'individus communiquant dans le temps *via* un langage particulier.

Communication gestuelle : échange de messages par gestes, comme dans le mime ou dans le langage des signes, qui est organisé selon une syntaxe.

Complexité : propriété de tout système composé de nombreuses petites parties hétérogènes qui n'en interagissent pas moins pour donner des résultats intégrés.

Computations : au sens étroit, actions menées à bien par un ordinateur numérique effectuant des algorithmes *via* un programme.

Concept : renvoie en général à des propositions exprimant des idées abstraites ou générales. Utilisé ici pour désigner l'aptitude du cerveau à catégoriser ses propres activités perceptives et à construire un « universel ».

Concurrence binoculaire : alternance au cours du temps de la perception de deux entrées distinctes (par exemple des barres verticales et horizontales) présentées simultanément à différents yeux.

Connexions fonctionnelles : au sein d'un réseau neuroanatomique, voie qui reflète effectivement la dynamique neurale, par exemple des entrées suscitant des sorties.

Conscience d'ordre supérieur : capacité à être conscient d'être conscient. Cette capacité est présente chez les animaux doués d'aptitudes sémantiques (chimpanzés) ou d'aptitudes linguistiques (humains) ; ceux qui ont des aptitudes linguistiques sont aussi capables d'avoir un concept social du soi, et des concepts du passé et de l'avenir. Distincte de la *conscience primaire*.

Conscience primaire : conscience fondamentale dont on pense qu'elle provient d'abord de la réentrée existant entre les régions qui assurent la catégorisation perceptive et celles qui médiatisent la mémoire de valeur-catégorie. Voir *Conscience d'ordre supérieur*.

Corps calleux : grand système fibreux reliant les mêmes aires des hémisphères cérébraux droit et gauche. Sectionner ou détruire ce paquet crée les syndromes de déconnexion qu'on observe chez les patients *split-brain*.

Corps cellulaire : partie d'un neurone contenant le noyau et son ADN.

Corrélat neural de la conscience : activité nerveuse qui est corrélée d'un point de vue fonctionnel avec les états de conscience.

Corrélation spatio-temporelle : selon la TSGN, en l'absence d'une logique comme celle qui régit les ordinateurs, le cerveau doit corréler le temps et l'espace, et la succession. Il y parvient par la *réentrée*.

Corrélation : terme statistique utilisé pour décrire et quantifier des relations non aléatoires entre deux systèmes.

Cortex cérébral : manteau formé par six couches de neurones (matière grise) sous la surface des hémisphères cérébraux. Ce manteau est plié en rotondités (nuclei) et en failles (sulci).

Cortex primaire, secondaire, tertiaire : termes assez anciens distinguant les portions ou aires du cortex qui reçoivent des entrées sensorielles directes ou médiatisent des sorties directes (cortex primaire) qui sont issues des aires « supérieures » et qui connectent ces aires (cortex associé).

Corticostriatal : projection axonale du cortex vers les noyaux entrants des ganglions de la base (ce qu'on appelle le striatum).

Cristal parfait : cristal sans aucune irrégularité dans son ordre interne. La troisième loi de la thermodynamique stipule que l'entropie d'un cristal parfait d'une substance pure au zéro absolu est de zéro.

Darwinisme neural : terme appliqué à la TSGN pour souligner l'application au cerveau du sélectionnisme et du raisonnement en termes de population.

Déclenchement : relation d'implication utilisée ici à l'égard de la relation entre les processus C' et C. C' déclenche C en tant que propriété. Ainsi, C (la conscience) est déclenchée par les processus physiques du cerveau, surtout dans le *noyau dynamique*.

Dégénérescence : aptitude de différentes structures à assumer la même fonction ou à avoir le même résultat.

Dendrite : une des nombreuses branches postsynaptiques (entrées) d'un neurone qui reçoit des connexions axonales pour former une synapse à des emplacements dits épines dendritiques.

Différenciable ; différencié : utilisé pour désigner le fait que l'expérience consciente peut passer d'une scène unitaire à une autre de façon apparemment limitée. Voir *Unitaire*.

Dualisme : croyance selon laquelle les faits du monde ne pourraient s'expliquer sans postuler l'existence de deux principes différents et irréductibles. En philosophie, son défenseur le plus connu fut Descartes, qui divisait le monde en *res extensa* (sujet de la physique) et *res cogitans* (moins accessible).

Dynamique cérébrale : complexe fonctionnel (c'est-à-dire électrique et chimique) d'activités par opposition à l'anatomie au sein de laquelle ces activités sont menées à bien.

Efficience causale : action dans le monde physique de forces ou d'énergies qui produisent des effets ou ont des débouchés physiques.

Émotion : complexe de sentiment, de cognition et de réponses corporelles reflétant l'action de systèmes de valeur au sein du cerveau conscient. Ce terme recouvre une large gamme de réponses, dont les exemples sont évidents et bien connus du lecteur.

Encartage global : terme désignant les plus petites structures du cerveau capables de *catégorisations perceptives*. Elles reflètent l'activité de multiples cartes réentrantes, motrices et sensorielles, qui sont liées aux structures non réentrantes, et finalement aux muscles et aux récepteurs sensoriels capables, moyennant du mouvement, d'échantillonner un monde de stimuli.

Enképhaline : petit peptide, membre d'un ensemble d'opioïdes endogènes (substances opiacées produites par le cerveau). Leurs actions peuvent produire une analgésie, ou soulagement de la douleur.

Entropie : en physique, mesure de l'ordre ou du désordre. Dans la théorie de l'information, mesure de la réduction d'incertitude. L'entropie peut être liée au grand nombre d'états différents d'un système évalués selon leur probabilité d'apparition.

Épigénétiques : processus biologiques qui ne dépendent pas directement de l'expression des gènes. Exemple : « des neurones qui s'éveillent ensemble sont branchés ensemble ».

Épiphénoménal : sans efficience causale. Par exemple, les lumières qui s'allument sur une console d'ordinateur ne peuvent être supprimées sans affecter son fonctionnement interne. Les philosophes se demandent si C est épiphénoménal, et certains pensent que c'est un paradoxe. Ce livre défend l'idée que, si les choses sont bien posées, il n'y a pas de paradoxe.

Espace des qualia : construction reflétant le fait que les qualia ne peuvent totalement être isolées, mais existent ensemble dans un *espace multidimensionnel*.

Espace multidimensionnel : nous vivons dans l'espace à quatre dimensions (trois pour l'espace, une pour le temps). L'espace des qualia est un espace multidimensionnel ou *n-dimensionnel*, où n est le nombre d'axes selon lesquels nous pouvons faire des distinctions ; n est supérieur à quatre.

Espace supralaryngal : espace de la gorge résultant de la descente au cours du développement du larynx chez les humains et permettant l'expansion et le raffinement des sons de parole.

Esprit : totalité des processus conscients et inconscients dont l'origine se trouve dans le cerveau et qui régit tout le comportement. Au sens philosophique, c'est une partie du jeu de bascule connu sous le nom de problème de l'esprit et du corps — comment se peut-il que l'activité cérébrale donne naissance à l'activité mentale ?

Évolution : processus sous-tendant l'émergence et la survie des choses vivantes. Analysée par plusieurs théories imputables à Charles Darwin, parmi lesquelles la *sélection naturelle* est centrale.

Expérience à la première personne : courant privé de conscience d'un individu, qui ne peut se partager directement avec un observateur à la troisième personne.

Expérience à la troisième personne : position d'un observateur extérieur incapable d'avoir une expérience directe de la subjectivité à la première personne d'autrui.

Faisceau fonctionnel : selon la théorie de la complexité, système ou partie d'un système qui interagit surtout avec lui-même. Le *noyau dynamique* est un faisceau fonctionnel.

Feed-back : terme utilisé au sens strict dans la théorie du contrôle pour désigner la correction d'une déviation dans les sorties par un message d'erreur issu d'un échantillon de cette sortie. Par exemple, si un amplificateur doit amplifier une onde sinusoïdale et que la sortie est distordue, un signal d'erreur est renvoyé par un seul canal afin de modifier la dynamique censée produire une forme d'onde correcte. Le feed-back opère toujours à partir d'une sortie vers un stade antérieur, alors qu'il peut y avoir *réentrée* entre des stades opérant en parallèle à des niveaux semblables ou différents d'un système. Dans l'usage populaire, le terme « feed-back » s'applique sans discrimination et souvent de façon vague à toute correction de sortie par un signal inverse.

Fermeture ; remplissement : tendance du cerveau à intégrer les signaux avec n'importe quelle interaction disponible. On observe du remplissement dans notre échec à remarquer la tache aveugle ; d'autres exemples comprennent des cas de déni comme ceux qu'on trouve dans l'*anosognosie*.

Fibres réciproques : chevelures axonales connectant deux régions du cerveau dans les deux directions. Elles constituent la base anatomique de la réentrée.

Force synaptique : degré auquel la libération d'un neurotransmetteur affecte la réponse postsynaptique. Une modification de la force synaptique est un changement dans une synapse qui l'affaiblit ou la renforce, altérant ainsi la communication entre les neurones qui est nécessaire pour l'établissement de la mémoire. Ce type de changement reflète la plasticité neurale.

Fossé explicatif : terme utilisé par les philosophes pour souligner combien il est difficile, voire impossible de relier les phénomènes de conscience aux fonctionnements neuraux du cerveau.

Frange : terme utilisé par William James pour désigner « l'influence d'un processus cérébral ténu sur nos pensées », laquelle « nous rend conscients de relations et d'objets que nous ne percevons que faiblement ».

GABA : acide gamma-aminobutyrique. Neurotransmetteur inhibiteur qu'on trouve, par exemple, dans les circuits inhibiteurs locaux du cortex et dans ceux des ganglions de la base.

Ganglions de la base : collection de cinq gros noyaux reliés ensemble et situés au centre du précortex. Ils servent à réguler les actes moteurs et les réponses automatiques qui sont non conscients en interagissant avec le cortex *via* le thalamus.

Gaz idéal ou parfait : construction théorique consistant en particules entrant en collisions aléatoires, et dont les collisions sont parfaitement élastiques et n'échangent aucune *information mutuelle*.

Gènes *Hox* et *Pax* : vieux gènes qui régulent la morphogenèse. *Pax 6*, par exemple, est essentiel pour le développement normal de l'œil. Les gènes *Hox* régulent les structures du cerveau antérieur. Leur expression dans l'embryon dépend de leur place.

Glie : cellules supports du système nerveux qui sont nécessaires pour certaines fonctions biochimiques, énergétiques, mais aussi structurelles, mais non pour émettre des potentiels d'action. Il en existe plusieurs types, dont les astrocytes et les oligodendrocytes.

Globus pallidus : partie des ganglions de la base qui reçoit des connexions venues du noyau caudé et émet des projections dans les noyaux ventrolatéraux du thalamus.

Glutamate : principal neurotransmetteur excitateur du système nerveux central.

Groupe de neurones : collection locale étroitement interactive de neurones (de quelques centaines à quelques milliers) excitateurs ou inhibiteurs. C'est l'unité de sélection dans la TSGN.

Héminégligence : certains patients ayant le cortex pariétal droit endommagé ne font plus attention au côté gauche d'une scène, voire n'en sont même pas conscients.

Hémisphères corticaux : les deux grandes structures (droite et gauche), formant une bonne partie du précortex, qui ont pour manteau le cortex cérébral.

Hippocampe : structure neurale en forme de saucisse qui se trouve contre la région antéromédiane de chaque lobe temporal. En coupe, elle ressemble à un cheval de mer, d'où son nom. Nécessaire à la mémoire épisodique.

Homéostatique : qui tend à rester constant dans l'environnement interne, qu'il s'agisse de cellules ou de tissus.

Hominidés : dans l'ordre des primates, groupe qui inclut les humains modernes et leurs ancêtres, qui sont apparus après la séparation des précurseurs des singes.

Hypothalamus : ensemble de noyaux situés sous le thalamus, qui affectent l'alimentation, la sexualité, le sommeil, l'expression des émotions, les fonctions endocrines et même le mouvement. Système de valeur.

Identité : tous les animaux qui ne sont pas jumeaux sont génétiquement non identiques, chaque individu est donc unique. Ce peut être le cas sans soi conscient.

IfRM (imagerie fonctionnelle par résonance magnétique) : méthode non invasive de scanner permettant d'observer la dynamique cérébrale au moyen d'images par résonance magnétique afin d'enregistrer les modifications du niveau d'oxygène dans le sang, lequel est corrélé avec l'activité neurale.

Illusion héraclitéenne : idée selon laquelle un point du temps se déplace du passé à travers le présent et vers l'avenir. C'est une illusion en ce que seul le présent est directement accessible à l'expérience, alors que le passé et l'avenir sont des concepts.

Illusion : signaux manipulés de façon psychophysique pour donner lieu à la perception d'éléments invérifiables de manière physique. Ce sont des expressions « fausses » d'entrées sensorielles « vraies ». Les contours illusoires d'un triangle de Kanizsa en sont un exemple, de même le cube de Necker. Des illusions peuvent apparaître dans diverses modalités sensorielles et vont du simple au complexe.

Images mentales : création par le cerveau d'images, sans stimulation extérieure de la part des objets originaux. La rotation mentale est l'aptitude à faire tourner consciemment une image mentale selon une orientation nouvelle.

Incarnation : conception selon laquelle l'esprit, le cerveau, le corps et l'environnement interagissent tous pour déclencher le comportement. Utilisée en un certain sens pour contredire l'idée d'« esprit désincarné » ou de conscience dualiste.

Inconscient freudien : champ dont un sujet n'est pas conscient, mais dont il peut devenir conscient par le biais des techniques psychanalytiques.

Inconscient : état d'être inconscient. Voir aussi *Non-conscient* et *Inconscient freudien*.

Information mutuelle : selon la théorie statistique de l'information, changement mutuel dans l'entropie à l'occasion de l'interaction de deux parties quelconques d'un système.

Information : ici, réduction de l'incertitude exprimée par un message.

Instructionnisme : idée que la transformation de structures à reconnaître est nécessaire pour construire un système de reconnaissance. Exemple : l'idée, aujourd'hui critiquée, selon laquelle les anticorps sont spécifiques parce qu'ils enveloppent les formes des antigènes lorsqu'ils se forment. Le contraire de l'instructionnisme est le sélectionnisme, représenté par la théorie de l'évolution et la TSGN.

Intégration : dans la théorie de la complexité, mesure des informations mutuelles ou de la réduction d'entropie d'un système. En neurosciences, corrélation ou connexion de signaux pour susciter une sortie unitaire.

Intensité : mesure de la force. Dans les mesures électromagnétiques, comme la magnéto-encéphalographie, l'intensité est la racine carrée de la puissance.

Intentionnalité : idée introduite par Franz Brentano, selon laquelle la conscience se réfère à des objets particuliers — elle a affaire à des choses. Ce n'est pas la même chose que d'« avoir une intention ».

Irréductibilité : une théorie ou un énoncé est irréductible si on ne peut pleinement en rendre compte par une théorie à un niveau inférieur d'organisation.

Kinesthésique : lié à la perception du mouvement ou à la position des articulations, des membres ou du corps.

Langage : au sens strict, véhicule de la communication qui repose sur une phonologie (ou des signes), une sémantique et une syntaxe. Les êtres humains forment la seule espèce possédant un véritable langage. Voir *Conscience d'ordre supérieur*.

Lexique : collection de signes ou mots pris dans la mémoire d'un animal équipé d'une sémantique ou d'un langage.

Linguistique : étude du langage — c'est-à-dire de la phonologie, de la sémantique et de la syntaxe. La neurolinguistique examine les bases cérébrales du langage véritable.

Locus ceruleus : noyau neuronal légèrement bleuté qui se trouve dans le mésencéphale et dont les projections ascendantes diffuses vers le thalamus et le cortex libèrent de la noradrénaline. C'est un système de valeur important pour détecter les signaux permanents et pendant le sommeil.

Machine de Turing : automate capable de lire, d'écrire et d'effacer des zéros et des uns sur une bande magnétique, et de se déplacer d'un cran vers la droite ou la gauche sous le contrôle d'un programme. Les machines de Turing sont des constructions théoriques, et un théorème dû à Alan Turing a montré qu'une machine de Turing universelle pourrait effectuer n'importe quelle computation en se fondant sur des procédures d'exécution ou algorithmes.

Machine : dispositif formé de parties pour réaliser une fonction définie. L'exemple le plus général est peut-être une *machine de Turing*.

Magnéto-encéphalographie (MEG) : utilisation de procédés d'interférence quantique par supraconduction (SQUIDS) pour mesurer de minuscules champs magnétiques dans le cerveau vivant. Les dispositifs utilisés comportent de nombreuses électrodes recouvrant tout le cerveau et sont très sensibles aux changements temporels survenant dans les courants internes venus de vingt mille neurones à peine. La résolution dans l'espace est de l'ordre de 1 à 1,5 centimètre, alors que l'IfRM peut descendre jusqu'à 3 à 4 millimètres, mais n'a pas la résolution temporelle de la MEG.

Maladie de Parkinson : maladie du système moteur se traduisant par la perte des neurones dopaminergiques de la substance noire. Elle se caractérise par des tremblements, une rigidité musculaire, une démarche altérée et parfois aussi par un handicap cognitif.

Marqueur de fréquence : méthode utilisée dans la MEG et l'EEG (électro-encéphalogramme) pour marquer une réponse du cerveau censée refléter un signal donné. Dans la MEG, par exemple, l'oscillation à 7 Hz d'un signal (soit sept fois par seconde) donnera une pointe nette à cette fréquence dans l'enregistrement de l'activité cérébrale qui va de pair et est analysée par les transformations de Fourier.

Mémoire à court terme : par exemple, mémoire des numéros de téléphone, en général considérée comme limitée à sept chiffres, plus ou moins deux.

Mémoire à long terme : système de mémoire dont la durée est plus longue que celle de la mémoire de travail ou à court terme. La *mémoire épisodique* en est un exemple.

Mémoire de valeur-catégorie : selon la TSGN étendue, ce système de mémoire implique le changement synaptique rapide donnant lieu à des catégories et est altéré par des modulations ayant pour origine les systèmes de valeur. Les interactions réentrantes de la mémoire valeur-catégorie avec les systèmes de catégorisation perceptive donnent lieu à la *conscience primaire*.

Mémoire épisodique : mémoire des événements passés, médiatisée par l'interaction de l'hippocampe avec le cortex cérébral. La suppression de l'hippocampe oblitère la capacité à former de tels souvenirs à partir du moment de l'opération (ou de la lésion).

Mémoire procédurale : forme de mémoire concernée par des séquences d'action ou des mouvements particuliers, comme faire de la bicyclette. Elle est distincte de la mémoire épisodique et sémantique.

Mémoire sémantique : mémoire liée à l'identification des objets, des personnes, des lieux et des circonstances. Non épisodique, cependant.

Mémoire : terme utilisé pour toute une variété de systèmes cérébraux ayant différentes caractéristiques. Dans tous les cas, toutefois, elle implique l'aptitude à réévoquer ou à répéter une image mentale spécifique ou un acte physique. C'est une propriété de système qui dépend des modifications des forces synaptiques.

Métaphore : figure de parole par laquelle un terme est utilisé pour désigner un objet auquel il ne se réfère d'ordinaire pas ;

« le soir de la vie » est un exemple classique. L'origine cérébrale de la référence métaphorique pourrait être liée à l'*incarnation*.

Métastable : stable en l'absence de toute perturbation, état qui n'est accessible en général que pendant une courte période de temps, mais qui comporte des structures bien définies pendant qu'il dure.

Migration cellulaire : mouvement structuré des neurones ou de leurs précurseurs cellulaires pendant la formation du cerveau.

Milliseconde : un millième de seconde. Les synapses fonctionnent dans un délai de une à dix millisecondes.

Mime : communication gestuelle sans syntaxe ni symbolisme arbitraire.

Modularité : doctrine selon laquelle le cerveau fonctionne en grande partie grâce à différentes régions ou modules qui assurent des fonctions distinctes. Cette conception se traduit par du « localisationnisme », par opposition au « holisme » — selon lequel tout le cerveau est requis pour fonctionner. Ces deux visions disparaissent lorsqu'on les considère à la lumière du *sélectionnisme* et de la théorie de la complexité.

Modulation : un ajustement, une adaptation et une régulation peuvent tous créer une modulation. En électronique, variation de l'amplitude, de la fréquence ou phase d'un signal.

Nerf optique : principal ensemble de fibres venant des cellules ganglionnaires de la rétine et se projetant dans le *noyau géniculé latéral*.

Neuromodulateur : une des substances qui altère l'action des synapses, dont divers peptides actifs d'un point de vue neural qui peuvent causer une inhibition ou une excitation lorsqu'ils sont appliqués à leurs neurones cibles. Ces substances sont en grand nombre et elles peuvent affecter la douleur, les émotions, les réponses endocrines et les réponses au stress.

Neurone : cellule nerveuse du système nerveux central ou périphérique.

Neurone postsynaptique : neurone dont les propriétés sont modifiées après libération d'un neurotransmetteur par les neurones présynaptiques.

Neurone présynaptique : neurone qui libère des neurotransmetteurs dans les failles synaptiques après l'arrivée d'un potentiel d'action à la synapse.

Neurophysiologie : étude des réponses électriques (et chimiques associées) détaillées, isolément ou en systèmes complets. Les expériences menées dans ce domaine vont de la culture tissulaire de cellules neuronales à des coupes du cerveau pour étudier avec des électrodes des aires neurales complètes chez les animaux.

Neurotransmetteurs : substances chimiques libérées dans la faille synaptique depuis les vésicules situées dans le neurone présynaptique et qui se lient ainsi aux récepteurs du neurone postsynaptique, transformant son potentiel électrique transmembranaire ou sa chimie intracellulaire. Les neurotransmetteurs sont les principaux moyens de communication entre les neurones. Voir *GABA* et *Glutamate*.

Niche écologique : partie de l'environnement dans laquelle une espèce agit et au sein de laquelle a lieu une sélection naturelle.

Non conscient : renvoie aux activités cérébrales qui ne sont pas susceptibles de devenir conscientes. À distinguer de l'inconscient freudien.

Non-soi : renvoie à tous les signaux qui ne sont pas transmis directement par le corps, signaux de l'environnement.

Notion piagétienne du soi : d'après Jean Piaget, célèbre psychologue spécialiste du développement. Appliquée ici au stade auquel un enfant peut différencier ses propres actes moteurs des mouvements qui lui sont imposés de l'extérieur.

Noyaux : collections étroitement connectées de neurones avec des activités similaires, des fonctions, des neurotransmetteurs et des relations entrées/sorties qui ont une frontière neuroanatomique bien définie.

Noyau dynamique : terme utilisé dans la TSGN étendue pour désigner un système d'interactions, représenté principalement dans le système thalamocortical, qui se comporte comme un *faisceau fonctionnel*. Le noyau envoie des signaux principalement à lui-même, et ses interactions réentrantes sont censées donner lieu à des états de conscience.

Noyau géniculé latéral : noyau spécifique du thalamus qui reçoit des entrées du nerf optique et envoie des projections dans l'aire corticale visuelle primaire V1.

Noyau raphé : collection de groupes de neurones situés au milieu du tronc cérébral, se projetant dans les structures du précortex et libérant de la sérotonine. Système de valeur.

Noyau réticulé : structure entourant le thalamus, qui en fait aussi partie, et consistant en connexions inhibitrices avec les noyaux thalamiques spécifiques.

Noyau sous-thalamique : partie des ganglions de la base. Des lésions de ce noyau causent des mouvements incontrôlables appelés ballisme.

Noyau spécifique du thalamus : noyau du thalamus recevant des signaux sensoriels de différentes modalités (voir *Noyau géniculé latéral*, par exemple) ou des signaux de contrôle moteur comme ceux qui viennent des ganglions de la base. Les noyaux spécifiques ne se connectent pas les uns les autres, mais se projettent dans le cortex.

Noyaux cholinergiques : collections de neurones activés par le neurotransmetteur acétylcholine.

Noyaux dopaminergiques : quatre importants systèmes des neurones cérébraux utilisant le neurotransmetteur dopamine. Ils constituent un système de valeur impliquant les systèmes de récompense de l'apprentissage. Les synapses dopaminergiques sont considérées comme les cibles des psychotropes, en particulier dans le cas de la schizophrénie.

Noyaux intralaminaires : noyaux du thalamus qui se projettent de façon diffuse dans le cortex frontal, le noyau caudé et le putamen. Sans doute concernés par les seuils d'établissement de leurs cibles et impliqués ainsi dans l'entretien de la conscience.

Noyaux sortants des ganglions de la base : segment intérieur du globus pallidus et du noyau réticulé de la substance grise, qui se projette dans le thalamus.

Ordinateur : procédé (ici, un ordinateur numérique composé de *hardware* et de *software*) utilisant des collections d'algorithmes ou procédures d'exécution suivant un programme accomplissant des opérations logiques pour donner un résultat. Voir aussi *Machine de Turing*.

Phénomènes de gestalt : aspects de la perception dans lesquels des entrées sensorielles simples peuvent être regroupées d'une façon particulière afin de créer une gestalt, figure ou forme qui n'est pas une propriété de l'objet observé, mais reflète les aptitudes du cerveau à effectuer des constructions.

Phonétique : étude des sons de parole. Elle fait partie de la phonologie, qui comprend aussi la phonématique, c'est-à-dire l'étude des plus petites unités de la parole.

Phrénologie : système aujourd'hui mal considéré consistant à assigner les facultés supérieures à des modules ou régions particulières du cerveau, identifiables grâce aux coups reçus sur la tête. Fondée par Joseph Gall.

Potentiel d'action : impulsion électrique passant par la membrane d'un neurone et amenant les signaux des corps cellulaires aux synapses.

Présent remémoré : expression utilisée pour décrire l'aspect temporel de la scène construite dans la conscience primaire, ce qui suggère le rôle que jouent les processus de mémoire dans cette construction. Proche du *présent spécieux* cité dans les *Principes de psychologie* de William James.

Présent spécieux : terme cité par William James dans ses *Principes de psychologie* et utilisé pour désigner ce dont nous avons conscience de faire l'expérience. Voir *Présent remémoré*.

Privé : le fait que la conscience est vécue comme un événement à la première personne qui ne peut pleinement se partager.

Problème de la liaison : comment différentes aires corticales et différentes modalités agissent-elles de façon synchrone et cohérente (en même temps pour le mouvement, la couleur, l'orientation, etc.) malgré le fait que chacune est spécifiée par des régions distinctes et qu'il n'existe pas d'aire de supervision ou de gestion ? Pourrait être résolu par la *réentrée*.

Processus : série de changements. William James a souligné que la conscience est un processus, et non une chose.

Propriétés jamesiennes : la conscience est une forme de connaissance directe, est continue mais en continuel changement, est privée, se caractérise par l'*intentionnalité*, et n'épuise pas les propriétés de ses objets.

Proprioceptif : fournissant des informations sur les positions relatives du corps dans l'espace et la relation de ses segments les uns avec les autres.

Prosopagnosie : incapacité à reconnaître un visage, même familier, à la suite d'un accident cérébral. La reconnaissance des autres objets n'est pas nécessairement affectée.

Protosyntaxe : séquences de mouvement et réponses des ganglions de la base qui ont des structures ordonnées comme une syntaxe.

Puissance : renvoie à la distribution de l'énergie calculée d'après l'analyse de Fourier des formes d'ondes étudiées par magnéto-encéphalographie. C'est le carré de l'*intensité*.

Putamen : noyau des ganglions de la base.

Quale, qualia : termes utilisés pour désigner le « sentiment » lié à l'expérience de conscience — « qu'est-ce que c'est que d'être x », où x, par exemple, est un humain ou une chauve-souris. J'utilise le terme « qualia » comme synonyme de l'expérience consciente. La conscience reflète l'intégration d'un très grand nombre de qualia. Les qualia sont des discriminations rendues possibles par l'activité du noyau dynamique réentrant.

Raisonnement en termes de population : conception fondatrice de Darwin, selon laquelle une espèce vient d'« en bas » par sélection de variantes individuelles au sein d'une population.

Recatégorique : processus par lequel la mémoire en tant que propriété de système interprète les entrées actuelles sur la base de l'expérience passée — c'est-à-dire qu'elle ne réplique pas exactement une expérience originale.

Récepteurs sensoriels : neurones spécialisés pour diverses modalités comme la vue (bâtonnets, cônes), l'ouïe (cellules des cheveux), l'odorat (récepteurs de l'odorat), etc.

Récepteurs : protéines situées à la surface des cellules qui lient ensemble divers ligands chimiques dont, par exemple, les neurotransmetteurs, les neuromodulateurs, les hormones et les médicaments.

Réentrée : processus permanent dynamique de signalisation récursive passant par les fibres réciproques massivement parallèles qui connectent les cartes. Ce processus se traduit par une liaison et il est à la base de l'émergence de la conscience en vertu du fonctionnement du noyau dynamique. Permet à des événements cohérents et synchrones d'apparaître dans le cerveau ; il est donc la base de la corrélation spatio-temporelle.

Réflexe : boucles sensorimotrices automatiques ; on les observe par exemple dans les réponses motrices médiatisées par la moelle épinière. Les réflexes sont non conscients et peuvent être développés dans le cerveau supérieur par conditionnement.

Régions motrices : toute une variété d'aires corticales — dont le cortex moteur primaire, les aires prémotrices, les champs visuels frontaux —, qui peuvent donner lieu à des contractions musculaires quand elles sont stimulées.

Régions prémotrices : aires du cortex qui préparent les systèmes moteurs pour le mouvement. L'aire motrice supplémentaire, qui aide à la programmation de séquences d'actes moteurs, est une autre de ces aires.

Répertoire : ensemble de variantes dans un système sélectif.

Représentations mentales : terme utilisé par certains psychologues cognitivistes qui ont une conception computationnelle de l'esprit. Ce terme s'applique à des constructions ou codes symboliques précis correspondant aux objets et qui seraient censés expliquer le comportement, par computation.

Représentations : résultats de discriminations et de classifications conscientes ; n'implique pas que les états neuraux sous-jacents soient des représentations.

Res cogitans : terme cartésien pour « substance pensante », inaccessible à l'investigation physique. Une des composantes du dualisme des substances.

Res extensa : choses étendues — autre pan du dualisme des substances — accessibles à la physique.

Rétine : fine couche de cellules, de bâtonnets et de cônes photorécepteurs ainsi que de cellules ganglionnaires situées dans l'œil et dirigeant les signaux vers le nerf optique. Avec l'épithélium olfactif, c'est la partie du cerveau la plus proche de la surface du corps.

Scanner cérébral : diverses techniques pour étudier de façon non invasive la dynamique cérébrale chez des sujets vivants. Ces techniques regroupent l'imagerie fonctionnelle par résonance magnétique (IfRM) et la magnéto-encéphalographie (MEG).

Scène : intégration des entrées de façon discriminante dans la conscience primaire.

Schizophrénie : maladie psychotique s'exprimant par de profonds troubles de la fonction cognitive, une confusion et une division de la pensée et des émotions. Il n'est pas encore prouvé qu'elle est due à un défaut spécifique du fonctionnement cérébral, mais certainement à une maladie de la conscience.

Ségrégation fonctionnelle : restriction relative de l'activité d'une aire cérébrale vis-à-vis d'une fonction donnée. Par exemple, une aire visuelle peut être isolée d'un point de vue fonctionnel pour les couleurs, une autre pour le mouvement de l'objet, etc.

Sélection développementale : premier pilier de la TSGN. Il renvoie à la création de vastes répertoires de variantes de circuits dans la microanatomie du cerveau au cours du développement.

Sélection expérimentale : deuxième pilier de la TSGN, qui stipule qu'un répertoire secondaire de circuits neuraux fonctionnels se forme sur la base de la neuroanatomie existante au moyen d'un renforcement sélectif et d'un affaiblissement de l'efficacité synaptique.

Sélection naturelle : la principale des théories de l'évolution formulées par Charles Darwin. Dans les faits, l'idée que la compétition entre des variantes au sein d'une population donne lieu à une reproduction différentielle, avec les changements qui vont de pair dans la fréquence génétique.

Sélectionnisme : conception selon laquelle les systèmes biologiques opéreraient par sélection de populations de variantes sous diverses contraintes. Par opposition à l'*instructionnisme*.

Sémantique : étude linguistique de la signification et de la référence.

Signe : élément sémantique ou mot appartenant à un lexique.

Signification : en neurobiologie, réalisation d'un biais de système de valeur ou d'un but. Dans le langage, dénotation et connotation d'un mot — à savoir sa sémantique.

Situation : présence dans un environnement ou niche écologique et conscience de celle-ci.

Soi : terme utilisé pour désigner l'identité génétique et immunologique d'un individu, mais plus précisément, pour ce livre, il désigne les entrées caractéristiques d'un corps individuel lié à son histoire et à ses systèmes de valeur. Sous sa forme la plus développée, en liaison avec la *conscience d'ordre supérieur*, c'est un soi social lié aux interactions avec la communauté de parole.

Somatoparaphrénie : échec à identifier correctement des parties de son corps comme siennes.

Sommeil, sommeil paradoxal (*REM sleep*) : changement d'état caractérisé par des changements distincts dans l'EEG, isolement du cerveau vis-à-vis des entrées extérieures, blocage des sorties motrices. Dans le sommeil paradoxal (*rapide eye movement [REM] sleep*), la structure de l'EEG est de faible amplitude, il y a des pics apériodiques rapides et des rêves. Une forme de conscience apparaît alors.

Sons coarticulés : sons mêlant simultanément et de façon complexe différentes fréquences et énergies, comme la parole humaine ou les sons vocaliques.

Sous-cortical : renvoie aux structures se trouvant sous le néocortex, comme les ganglions de la base, l'hippocampe et le cervelet, notamment.

Stochastique : sujet à des processus aléatoires ou à du bruit.

Striatum : région entrante des ganglions de la base consistant dans le noyau caudé et le putamen.

Structures homologues : structures distinctes dérivées au cours de l'évolution d'un ancêtre commun, eu égard à leur structure et à leur fonction. Le thalamus des chiens et celui des souris sont homologues à celui des humains.

Subjectivité : renvoie au soi privé, et collectivement aux expériences à la première personne de ce soi.

Substance noire : un des noyaux des ganglions de la base contenant les cellules libérant le neurotransmetteur dopamine.

Substance P : neuromodulateur qui peut activer les récepteurs de la douleur.

Supravénient : terme philosophique décrivant la relation entre C' et C, et signifiant à peu près « dépendant de ». Un changement dans l'état mental exigerait donc nécessairement un changement dans l'état neural.

Synapse de Hebb : d'après Donald Hebb, psychologue qui a formulé la règle de Hebb : quand l'axone d'une cellule excite la cellule B et prend part durablement à son éveil, une modification apparaît dans l'une au moins de ces cellules, de sorte que l'efficacité de A pour éveiller B augmente. Une synapse de Hebb suit cette règle.

Synapse : structure essentielle de connexion entre les neurones, qui médiatise leur signalisation par des moyens électrochimiques (voir *Neurotransmetteurs* ; *Neurone postsynaptique, Neurone présynaptique*).

Synchronisme : simultanéité des événements, comme l'éveil simultané de neurones.

Syntaxe : étude de la grammaire et de l'ordre des mots en linguistique.

Système distribué : groupes de neurones séparés et dispersés qui n'en interagissent pas moins moyennant des connexions afin de donner une réponse ou sortie intégrée (voir *Complexité*). Le cortex est un système distribué.

Système immunitaire adaptatif : moyen grâce auquel les vertébrés reconnaissent les molécules étrangères, les virus et les bactéries, et réagissent contre eux. Il y parvient en construisant un grand répertoire d'anticorps, chacun étant doté d'un site particulier de liaison potentielle.

Système nerveux autonome : système viscéral en majeure partie involontaire de nerfs, divisé en sympathique et pararsympathique, et contrôlant l'environnement interne. Le premier sous-système sert aux réactions « se battre ou s'enfuir », le second, « se reposer et digérer ». Régulé principalement par l'*hypothalamus*.

Thalamus : principale structure de relais sensori-moteur vers le cortex. C'est un élément clé du système thalamocortical et du noyau dynamique. Composé de noyaux, de noyaux intralaminaires et du noyau réticulé.

Transformation de Fourier : opération mathématique servant à traiter de façon analytique des fonctions (par exemple des ondes) en les convertissant en sommes de fonctions sinusoï-dales et cosinusoïdales.

Transformation phénoménale : terme utilisé ici pour désigner le processus par lequel l'activité neurale dans le noyau dyna-mique réentrant (C') déclenche la propriété phénoménale qu'est la conscience (C).

Tronc cérébral : partie du cerveau formée par le thalamus, l'hypothalamus, le mésecencéphale et le cerveau antérieur. Ce dernier regroupe le cervelet, le pont, la médulla, mais le cervelet est en général exclu de la définition.

TSGN : théorie de la sélection des groupes de neurones, qui repose sur trois piliers : 1) la *sélection développementale*, 2) la *sélection expérimentale*, toutes deux opérant sur des répertoires de variantes neurales, et 3) la *réentrée*, processus clé assurant la corrélation spatio-temporelle et l'intégration consciente. C'est une théorie globale du cerveau qui explique la diversité et l'intégration du système nerveux central.

Unitaire : nature tout d'une pièce d'une scène consciente, qui ne peut volontairement être scindée en parties.

V1, V2, V3, V4, V5 : diverses aires du striatum et des régions extrastriatales du cortex servant à la vision.

Valeur, systèmes de valeur : élément contraignant d'un système sélectif consistant dans le cerveau en systèmes ascen-dants diffus comme le système dopaminergique du *locus ceru-leus*. Les systèmes de valeur incluent aussi l'hypothalamus, le système d'activation réticulé et les noyaux situés autour du gris périaqueducal dans le tronc cérébral. Chez les humains, la valeur peut être modifiée sous certaines contraintes.

Variabilité : renvoie aux changements dans les réponses cérébrales à tous les niveaux, est la base de la sélection des groupes de neurones.

Véridique : conforme à la réalité physique testée par la théorie scientifique et par des mesures.

Vésicules synaptiques : structures membranaires contenant des neurotransmetteurs et situées aux terminaisons axonales des neurones présynaptiques.

Vision aveugle : chez certains patients, l'expérience visuelle consciente est totalement absente pour tout ou partie du champ visuel, alors que l'aptitude à répondre plus ou moins précisément aux stimuli visuels demeure dans certaines conditions expérimentales.

Voies directes et indirectes : deux principales routes de connexion situées au sein des ganglions de la base et donnant lieu à la stimulation ou à l'inhibition des noyaux thalamiques par l'activité des ganglions de la base.

Zombie : créature hypothétique semblable à un homme et dépourvue de conscience, mais qui, suppose-t-on à tort, pourrait accomplir toutes les fonctions de l'être humain.

Bibliographie

Comme je l'ai mentionné dans la préface, j'ai délibérément évité les références précises dans le corps du texte. Une courte liste de références pourrait cependant être utile ici.
Pour une vue descriptive, rien n'égale les efforts de William James :

JAMES, W., *The Principles of Psychology*, Cambridge, Harvard University Press, 1981.
JAMES, W., « Does Consciousness Exist ? », *Writing of William James*, J. J. McDermott éd., Chicago, University of Chicago Press, 1977, p. 169-183.

Une excellente perspective d'un point de vue plus moderne se trouve dans :

SEARLE, J. R., *Le Mystère de la conscience*, Paris, Odile Jacob, 1999.

Cette publication rassemble les articles que Searle a écrits sur divers livres du domaine et en même temps présente les questions les plus importantes. Celle de l'expérience privée est bien rendue par un autre philosophe :

NAGEL, T., *Mortal Questions*, New York, Cambridge University Press, 1979.

Pour une approche différente des mêmes questions, voir :
KIM, J., *Mind in Physical World*, Cambridge, MIT Press, 1998.

Pour une théorie psychologique concernant l'accès à la conscience, voir :
BAARS, B. J., *A Cognitive Theory of Consciousness*, Cambridge, GB, Cambridge University Press, 1988.

Mes efforts personnels pour édifier une théorie scientifique ont occupé plus de vingt ans. Ils sont décrits dans une série de livres et d'articles qui contiennent des bibliographies développées composées dans un esprit académique :
EDELMAN, G. M. et MOUNTCASTLE, V. B., *The Mindful Brain : Cortical Organization and the Group-Selective Theory of Higher Brain Function*, Cambridge, MIT Press, 1978.
EDELMAN, G. M., *Neural Darwinism : The Theory of Neuronal Group Selection*, New York, Basic Books, 1987.
EDELMAN, G. M., *The Remembered Present : A Biological Theory of Consciousness*, New York, Basic Books, 1989.
EDELMAN, G. M., *Biologie de la conscience*, Paris, Odile Jacob, 1992.
EDELMAN, G. M., « Neural Darwinism : the theory of neuronal group selection », *Neuron*, 10, 1993, p. 115-125.
EDELMAN, G. M. et TONONI, G., *Comment la matière devient conscience*, Paris, Odile Jacob, 2000.

Sur le concept de dégénérescence, voir :
EDELMAN, G. M. et GALLY, J. A., « Degeneracy and complexity in biological systems », *Proceedings of the National Academy of Sciences*, 98, 2001, p. 13763-13768.

Pour deux articles envisageant divers aspects d'une approche scientifique, voir :
CRICK, F. et KOCH C., « A framework for consciousness », *Nature Neuroscience*, 6, 2003, p. 119-126.

EDELMAN, G. M., « Naturalizing consciousness : a theoretical framework », *Proceedings of the National Academy of Sciences*, 100, 2003, p. 5520-5524.

Ce dernier article développe les vues élaborées dans ce livre. Pour des références liées aux corrélats neuraux de la conscience, le volume suivant est une excellente source :
METZINGER, T. éd., *Neural Correlates of Consciousness : Empirical and Conceptual Questions*, Cambridge, MIT Press, 2000.

Pour les travaux portant sur les expériences décrites au chapitre 9, voir :
LEOPOLD, D. A. et LOGOTHESIS, N., « Activity changes in early visual cortex reflect monkey's percepts during binocular rivalry », *Nature*, 379, 1996, p. 549-553.
TONONI, G., SRINIVASAN, R., RUSSELL, D. P. et EDELMAN, G. M., « Investigating neural correlates of conscious perception by frequency tagged neuromagnetic responses », *Proceedings of the National Academy of Sciences*, 95, 1998, p. 3198-3230.
SRINIVASAN, R., RUSSELL, D. P., EDELMAN, G. M. ET TONONI, G., « Increased synchronization of neuromagnetic responses during conscious perception », *Journal of Neuroscience*, 19, 1999, p. 5435-5448.

Enfin, par souci d'équité et d'équilibre, je dois aussi mentionner un ensemble de travaux avec lesquels je suis en désaccord. Les auteurs modernes cités ci-dessous se retrouveront en compagnie du distingué René Descartes.
DESCARTES, R., *Œuvres et lettres*, Paris, Gallimard, 1937.
ECCLES, J. C., *Évolution du cerveau et création de la conscience*, Paris, Flammarion, 1994 (avant-propos de K. Popper).
PENROSE, R., *Les Ombres de l'esprit*, Paris, InterÉditions, 1995.
McGINN, C., *The Problem of Consciousness : Essays Toward a Resolution*, Oxford, Blackwell, 1996.

CHALMERS, D., *The Conscious Mind : In Search of a Fundamental Theory*, New York, Oxford University Press, 1996.

Si un lecteur insatiable souhaite une liste plus longue de références, je le renvoie au compendium annoté de David Chalmers qu'on trouvera sur le site Internet suivant : *http://www.u.arizona.edu/~chalmers/ biblio.html*

Cette liste de références en pleine explosion confirme ma conclusion, à savoir que la compréhension scientifique de la conscience a un avenir des plus prometteurs.

Remerciements

Je remercie les Drs Kathryn Cossin, David Edelman, Joseph Gally, Ralph Greenspan et George Reeke pour leurs critiques précieuses et leurs utiles suggestions. Eric Edelman a réalisé les illustrations ; je le remercie pour avoir réagi avec patience et talent à mes suggestions parfois maniaques. Darcie Plunkett m'a aidé avec brio à préparer ce manuscrit.

Table

Imprimé par Lightning Source France
1 avenue Gutenberg
78310 Maurepas

N° d'édition : 7381-1427-Y